让你目瞪口呆的重口味心理学

牧之◎著

天才向左，疯子向右。

民主与建设出版社

图书在版编目（CIP）数据

让你目瞪口呆的重口味心理学 / 牧之著. -- 北京 : 民主与建设出版社, 2015.2

ISBN 978-7-5139-0397-4

Ⅰ.①让… Ⅱ.①牧… Ⅲ.①心理学–通俗读物

Ⅳ.①B84-49

中国版本图书馆CIP数据核字(2014)第171783号

出 版 人：许久文

责任编辑：李保华

整体设计：曹 敏

出版发行：民主与建设出版社有限责任公司

电　　话：(010)59419778　59417745

社　　址：北京市朝阳区曙光西里甲六号院时间国际8号楼北楼306室

邮　　编：100028

印　　刷：固安县保利达印务有限公司

版　　次：2015年2月第1版　2015年2月第1次印刷

开　　本：16

印　　张：18

书　　号：ISBN 978-7-5139-0397-4

定　　价：36.00元

前言

什么是重口味心理学？如果你对生活中的各类异常心理和行为感兴趣，例如听到“有病”、“神经”、“变态”、恋物癖、洁癖、人格分裂等这些有点不堪入耳的“狂语”，就会对重口味不会太陌生，甚至让你的大脑神经也随之有点亢奋。

有关心理学的热潮其实在社会上一直风靡不减，心理学是一项分支庞大内容系统的科学，而重口味心理学是其中最后一块隐秘之地。各种各样的心理测试，因心理危机而引发的自杀、抑郁、变态等热点事件，让我们产生了对心理学强烈的探知欲。

然而，娱乐并不是心理学的主题，那些自杀、变态狂之类的新闻报道可以满足我们的好奇心，我们甚至会觉得那些怪现象是多么可笑、荒唐甚至不可思议。但重口味心理学告诉我们，每一种怪癖行为其实都是一个相当严肃的心理问题。

所以，简单来说，心理学的重口味，就是那些被我们常常称为“非人类”所表现出来的非正常心理，以及在这种心理影响和作用下做出的各种怪异行为。

“心理有问题！”“某某神经病！”一个不小心就被人当成了

“奇葩”或“极品”，面对这些难堪，我们该怎么办?

相信每个人都有自己的解决办法，有的人选择了唱歌、看电影、找朋友倾诉、旅行、咨询心理医生；有的人选择了骂人、抱怨世界、报复社会、一个人宣泄、宅在家里、拒绝与人交往；更有的人，选择的方式很直接迅速不留痕迹，以极端的方式告别明天的美好阳光!

没错，所有的问题都是因为心理出了问题。而重口味心理学告诉我们，一切心理问题都源自我们的潜意识。

我们不妨将对重口味心理学这块隐秘之地的探索比喻为一次心灵的旅行。在这里，你将进行一次有生以来别开生面的心理探知过程。

本书阐述了一些诸如行为失控者、习得性无助的患者、多重人格障碍患者；恋物癖、异装癖、恋童癖、窥阴癖、露阴癖、慕残癖等变态者；强迫症患者；患有抑郁症、焦虑症、疑病症、躁狂症等各类心理障碍人士；精神分裂症病人；变性人等异常的心理和行为，他们的怪癖和不正常之举深深地触动和震惊了我们的灵魂。

本书讲述的都是发生在我们身边的心理学故事，看起来是那么真实、生动，却令人匪夷所思。就像一部神奇玄妙的心理小说或电影，触动着我们每一根神经，满足我们的猎奇心理和探知欲望。

所以，看似深奥莫测的心理学，其实就在我们身边，它实实在在地发生在生活中的每个人身上。

现在，就让我们一起开启生命与众不同的旅程，去认识一下身边这些形形色色的人们，去揭秘那些我们可能还不知道的心理学真相。

说不定，当你读到其中一篇时，会恍然大悟地叫道：“啊，原来我也有点不太正常!”

目 录

contents

八　身不由己的行为怪圈：关于强迫症

九　解码心殇：14种心理障碍的自我疗愈

十 疯狂的脑袋在“跳舞”：与精神分裂面对面

十一 神经性贪食与厌食：有关进食障碍

十二 “未满18禁”的秘密：变态性心理

十三　安能辨我是雄雌：解读性别认定障碍

十四　梦里不知身是客：关于梦的解析

一

主宰身体的超自然能力：

关于潜意识与自控力

【本章关键词】

意识 潜意识 冰山理论 心理暗示 本能行为

潘多拉效应 自控力 习得性无助 强化定律

为什么亚当和夏娃要偷食禁果？
因为他们禁不住诱惑。
越是不让做的事情，人们越想做，
这反映出了心理学上的一个重要的关系——意识、行为和自控力。

意识是支配行为的罗盘

有一位女孩望着商店橱窗里的一只旅行包，眼神中流露出欣喜之色，但她看了看价格标签又不禁失落。这是一款价格昂贵的包。她打算去纽约布法罗度假。当她的头脑中刚出现一个意念“我买不起”时，同时另一个意念出现了。她想起曾经有位老师说过这样一句话：“绝不要进行消极的陈述，立刻将它倒过来，进行肯定的陈述，你的生活中就会发生奇迹。”于是她立刻对自己肯定地说：“我是这个包的主人。它现在先暂时存放在这里，我会拥有它的。”后来，她的男友送给她一只旅行包，同她在橱窗里看到的那个一模一样。女孩说：“我没有钱买那个包，但我知道去哪里找钱，去找所有我需要的东西，它们全都在我的潜意识里。”

心理学家弗洛伊德提出了意识的三个层面，意识、前意识、潜意识。他认为，人类的意识是我们生活中能够明显感觉到的意识，比如自己的爱好。在清醒的状态下，我们知道自己在看什么、听什么、想什么、做什么；也知道自己有没有渴，有没有饿，或者不渴也不饿；也知道自己是高兴还是悲伤，是舒服还是不舒服；我们能够自由支配自己的行为，去达到目标。所有的这些心理活动，包括对自己内部状态的觉知，以及对外部事物的觉知，都是意识范围内的事情。

但是这些我们能意识到的只占整个意识的一小部分，而使我们产生冲突和纠葛影响的往往是潜意识。而前意识则是指从潜意识过渡到意识的这部分。

弗洛伊德的精神分析理论认为，人类存在着本能的、情欲的、自然性的一面，但外部的一些社会伦理道德的要求在一定程度上约束了人的这种原始冲动的自由表现。所以，从心理学角度来说，意识包括了个人现在意识到的和现在虽意识不到但却可以记忆的一切。无意识是不能被本人意识到的，它包括原始的盲目冲动、各种本能以及出生后被压抑的种种欲望。无意识的东西并不会因压抑而消失，它一直存在并伺机改头换面地表现出来。

我们有时会注意身边的朋友，他或者她穿衣的风格总体上是保持不变的，只是衣服颜色不一样。而当我们自己打开衣柜时，也会发现，啊！原来我的格子衬衫有好多件，或者原来波西米亚风格的裙子真是好多条了。

这就是一个人的意识特点。意识会让我们总是会对一类事物或几类事物比较感兴趣。或许你会发现，当你逛街的时候，总会发现自己喜欢的东西，这是因为那些你感兴趣的事物引起了你的注意，而你在把注意力停留在这些事物上时，又强化了你对这些事物的认识与喜欢。

意识如同船长，指挥船的方向，对机舱的操作员发布命令。机舱内的人根据命令操作各种机器，而不用管船向哪个方向行驶。一旦船长指令错误，船就会有触礁的危险。因此，意识也就起着发布命令的作用。意识就是我们身体、周围环境以及所从事的一切事务的主人。意识向潜意识发布命令，潜意识要服从意识的指挥。因为我们是通过意识来做出判断，然后接受自认为是合理的事情。

潜意识：内心深处被隐藏的欲望

潜意识也称无意识，简单来说是指内心深处被压抑的而没有意识到的欲望。很多时候，我们的所作所为通常受潜意识的影响，在回答别人问题时也常常说“我是无意识这样做的”。

如果把人的心理比喻为一座巨大的锥形冰山，露出海面的上层那一小部分为意识，而隐藏在海面下的大部分为潜意识。这就是著名的冰山理论。

白天我们工作学习忙碌，都靠着冰山上层的意识来接受来自各种渠道的信息，包括视觉信息、听觉信息、嗅觉信息、触觉信息等。

有一些我们自认为已忘记的东西其实并没有真的忘记，它们只不过是进入了冰山下层的潜意识中。由于潜意识很难被我们所察觉，所能察觉到的是浮出水面的冰山上层的意识。

当我们心理控制松懈的时候，如做梦、被催眠，冰山下层中的潜意识才会跑到意识中去。当我们清醒后，那些逃走的潜意识又重新回到了冰山下层。

潜意识左右着我们的生活和工作。为什么我们选择一种职业，而不是另一种，为什么我们同某人结婚而不是另一个。这些除了能在现实中找到可意识到的理由外（比如薪水的优厚、结婚对象的漂亮英俊等），更多的是由我们过去经历过的但现在却已经遗忘的事情所决定的，也就是那些潜意识。

所有心理疾病的源头实际上都是潜意识发生了问题。因为对于意识来说，我们是可以控制的，而对于那些潜意识，则远远超出了我们掌控的范围。如果潜意识出了问题，就会让我们的行为看起来十分不正常。

心理学家荣格认为，人格结构由三个层面组成：意识、个人潜意识和集体潜意识。如果说意识是能被人觉知的一层，那么个人潜意识就是被遗忘和被压抑的记忆与经验。

1.**个人潜意识**

荣格认为，个人潜意识的内容也称情结。日常生活中，我们可能发现每个人都有一种情结，例如恋父情结、恋母情结、权利情结等。这些情结往往都具有情绪色彩，是一个个被压抑的心理内容聚集在一起而形成的一片潜意识丛林。当我们说一个人具有某种情结时，是说这个人沉溺于某种东西中不能自拔，简单地说就是上了瘾；或者说的是一种深藏心底的情感或纠葛，例如思乡情结、初恋情结、处女情结、完美情结等。很多情结的形成源于童年时期的一些经验，或许是创伤式的，或许是其他形式的。

2.**集体潜意识**

集体潜意识与个人潜意识的重要区别在于，集体潜意识不是后天学来的，而是种族先天遗传的，是我们一直都意识不到的。集体潜意识被全人类共同拥有，人人生而具有，婴儿与老人都不例外。在生活中，人们与生俱来的集体潜意识现象有很多，体现在不同的方面，例如对黑暗、蛇、死亡、骗子、魔鬼的恐惧等。

荣格曾用与冰山理论形式差不多的“小岛理论”来解释集体潜意识，如果说意识是露出水面的小岛，个人潜意识是潮来潮去而露出的水下小岛的部分，那么作为海岛基底就是集体潜意识。当集体潜意识被唤醒之后，就会成为个人觉醒的意识。例如，也许从没见过蛇的人，在遇见后也会产生恐惧，就会采取适当的保护和预防措施。

在生活中，我们有时会无意中说错话，那些不是原本打算说的话被称为口误。喜欢《老友记》的朋友一定会记得这样的故事情节：罗斯和塔米莉在教堂里举行婚礼，塔米莉跟着牧师宣誓：“我，塔米莉，愿把罗斯当成我的合法丈夫，无论贫穷与富有，健康与疾病，都将厮守一生！”轮到罗斯宣誓：“我，罗斯，愿把拉切尔……”在场亲友顿时大惊失色——罗斯居然把塔米莉的名字错说成原来的恋人拉切尔！

同样的情况还有中央电视台国际频道主播鲁健曾在他的博客上列举了一些主播的口误，有的把“各位好，这里是中央电视台”说成“各位好，这里是中央气象台”，有的把“移动联通小灵通的用户们请发短信至”说成“移动联通的小用户们请发短信至”等。

心理暗示的巨大力量

一个小女孩生长在一个十分贫困的家庭里，在她很小的时候，父亲便去世了，小女孩与妈妈相依为命。小女孩非常自卑，她从来没有穿过漂亮的衣服，也没有佩戴过什么首饰。就这样，小女孩长到了 18 岁，在她 18 岁那年的圣诞节，妈妈给了小女孩 20 美元，让她为自己买一份圣诞礼物。

她非常高兴，准备去商店为自己买一份礼物，但是她自卑惯了，根本没有勇气从大路上大大方方地走过，只是贴着墙角朝商店走去。

一路上，她看见所有人的生活都比自己好，心中不无遗憾地想，我是这个小镇上最抬不起头来、最寒碜的女孩子。看到自己特别心仪的小伙子，她又酸溜溜地想，今天晚上盛大的舞会上，不知道谁会成为他的舞伴呢？

她就这样一路小心翼翼躲着人群来到了商店。一进门，她感觉自己的眼睛都被刺痛了，她看到柜台上摆着一些特别漂亮的缎子做的头花、发饰。她看呆了，售货员对她说："小姑娘，你的亚麻色的头发真漂亮！如果配上一朵淡绿色的头花，肯定美极了。"在售货员的夸赞下，尽管小女孩觉得 16 美元的价位有些贵，但还是任由售货员把那朵淡绿色的头花戴在了自己头上。她看了看镜子中的自己，突然惊呆了，她从来没看到过自己这个样子，她觉得这一朵头花使她变得像天使一样容光焕发！

她不再迟疑，掏出钱来买下了这朵头花。她感觉自己突然之间变成了一个漂亮的天使，她陶醉其中，接过售货员找的零钱后，转身便往外跑。在出门的刹那，她与一个老绅士撞了一下，她顾不得回头，只是兴奋地往外跑去。

她不知不觉就跑到了小镇最中间的大路上，她看到所有人投给她的都是惊讶的目光，她听到人们在议论说，没想到这个镇子上还有如此漂亮的女孩子，她是谁家的孩子呢？她又一次遇到了自己暗暗喜欢的那个男孩，那个男孩竟然叫住她说："不知今天晚上我能不能荣幸地请你做我圣诞舞会的舞伴？"

她心花怒放，决定用剩下的 4 美元再给自己买点东西。于是她又一路兴高彩烈地回到了小店。

刚一进门，她就看见了那个老绅士，老绅士微笑着对她说："孩子，我就知道你会回来的，你刚才撞到我的时候，这个头花也掉下来了，我一直在等着你来取。"

从心理学的角度来看，故事里的女孩身上便出现了安慰剂效应。安慰剂效应又名伪药效应，指病人虽然获得了无效的治疗，但却"预料"或"相信"

治疗有效，而让病患症状得到舒缓的现象。这种现象在医学和心理学研究中都并不鲜见。由此，不少医生在对病人进行治疗时，不得不将这种安慰剂效应考虑进去。例如，医生利用安慰剂来激发病人的“安慰剂效应”——当患者对某种药的疗效坚信不疑时，就可以增强该药物的治疗效果，提高医疗质量。

安慰剂效应也是一种心理暗示。

美国牙医约翰·杜斯在其几十年的行医生涯中，常常遇到这种情况：一些牙痛患者来到他的诊所后，会释然地对他说：“一来这里我的感觉就好多了。”这些患者的良好感觉可能出自如下原因：他们觉得马上会有人来处理他们的牙病了，从而情绪便放松了下来；他们像参加了宗教仪式一样，当他们接触到医生的手时，病痛便得以缓解了……实际上，患者所出现的这种现象与安慰剂效应大同小异。

关于安慰剂效应的科学性，有实验为证。实验者将被试分为四组——A组、B组、C组和D组，其中A组服用一种温和的镇痛药；B组服用色泽形状相似的假药；C组接受针灸治疗；而D组接受的是假装的针灸治疗。试验结果显示：四组人员的痛感均得以减轻，四种不同方法的镇痛效果并没有明显差异。这说明，镇痛药和针灸的效果并不见得一定比安慰剂或安慰行为更为奏效。

实际上，人类已经有相当悠久的使用安慰剂的历史。早在抗生素发明以前，医生们便常常给病人服用一些没有任何疗效的粉末，而病人在不知情的情况下却从这些粉末中看到了希望，结果，一些病人果然奇迹般地康复了，有的甚至还平安地度过了诸如鼠疫、猩红热等“鬼门关”。

观察你周围的世界，安慰剂效应可以说是屡见不鲜—— 一队战士在阿尔卑斯山的风雪中迷路了，凭借一张地图，他们扎营熬过了风雪，确定了自己的方位，两天后顺利回到营地。当他们讲述着这张非凡的地图的时候，人们却发现，这是一张比利牛斯山的地图；有的小孩子非常胆怯，他的父母便告诉他上天已经偷偷地赐给了他勇气和力量，结果这名胆怯的儿童积极地参与了学校的很多活动，还取得了优秀的成绩；一些从小长在城市的人到了乡村后，他们感觉乡村的泉水十分甘甜，然而他们所喝到的泉水不过是同伴所带来的普通矿泉水。

种种现象表明，积极的自我暗示虽然不会改变外在的客观世界，但对人们的情绪和态度塑造却有着极为重要的积极意义。

本能是一种先天的心理倾向

三文鱼又叫鲑鱼，是一种非常有名的溯河洄游鱼类。它能从几千公里外准确地游回到它们的出生地点，然后在那里产卵，产后又回到海洋生活。蜜蜂通过自己的信息系统告诉同伴食物的所在地，蜘蛛天生就能够编织复杂的蜘蛛网等。那么，它们的行为方式由什么来控制呢？你可能猜出是由于物种的基因遗传和生存的本能。是的，每种动物的行为都表现出先天的本能和后天的习得行为的组合。

动物具有先天性本能，而对人类来说也具有本能特征。例如婴儿一出生就会吸吮乳汁、吸吮手指。美国心理学家一项调查显示，6~12 岁的儿童经常吸吮手指者为 12%。这些行为就是人的本能行为。

本能是一种先天的心理倾向，是人类一切行为的推动者。弗洛伊德把人的本能分为生存本能（自卫本能与生殖本能）和死亡本能（侵略本能与自我残害本能）两种。他认为，人的所有行为都受这些潜意识的本能或欲望的支配。后来他又把本能称为本能性冲动。

本能行为的特点是：有一定目的，最终要得到食物、水或配偶；有利于个体和物种的生存；适合于适应正常的生活环境；为种内个体共有；随着个体的生长和成熟而出现；其中可能有学习成分，但不是主要的。

所以，人的行为是从最一般的欲求模式开始，随着适当刺激的出现，达到最终的完成行为，如摄食、饮水、交配等。

本能行为的实现是遗传因素与环境刺激的共同结果，对我们的生活有重要的影响。

人的原始动物本能会表现在社会行为中，人在一切社会活动中会反映出原始的动物本能。这一本能会在潜意识下指导我们做出正确的行为，也很可能会导致我们做出诸多违反社会道德规范和有悖于常规的行为。例如病态性行为、同性恋行为等。

同性恋对配偶的选择最初是基于生殖本能的需要，但心理基础是自身性别定位的认同感。在多子女的家庭中性别不平衡和父母或祖父母有意识、无意识的错位性别培养，是产生同性恋者的主要诱因。社会舆论的影响，人的潜意识中对性别易位的好奇，给同性恋行为增添了神秘色彩。

另外一种虐恋行为，属于动物择偶本能产生偏差的结果，在自身性别定位被歪曲、放大后就产生了人格异常的举动。施虐者心理上存在着不安、恐惧和明显的自卑心理，必须经由施暴的行为体验获得安全感和满足感，而受虐者也往往经由被虐而获得安全感和认同感。

所以说，同性恋、虐恋行为严重脱离了人作为动物的本能合理性。

行为的自控力

《圣经·创世记》中讲道：上帝按照自己的样子用泥土造了一个人，取名叫亚当，让他主管一切。上帝又取了他的一根肋骨造了一个女人，取名叫夏娃。亚当和夏娃生活在伊甸园里，园子里有各种各样的花草树木。上帝对亚当和夏娃说园子里的东西随他们管理，只是有一棵树结的果子不能吃。每当夏娃看到树上的果子又红又大、讨人喜爱的样子，就非常想尝一尝。直到有一天，蛇对夏娃说，树上的果子非常好吃，吃了还可以增加智慧。夏娃经不住诱惑，终于偷吃了一个果子，而且还让亚当吃了。吃完后，他们二人的眼睛就明亮了，这时他们才知道自己是赤身裸体，便拿无花果树的叶子，为自己编作裙子。上帝知道后非常生气，于是将亚当和夏娃赶出了伊甸园。

虽然这是一个神话传说，但我们不难从他们身上找到人类的心理，他们为什么要偷食禁果？因为他们禁不住诱惑。越是不让做的事情，人们越想做，这反映出了心理学上的一个重要方面——自控力。

关于自控力，我们不禁可以联想到心理学上另一种现象——潘多拉效应。它来自古希腊神话故事，传说宙斯给了潘多拉一个密封的盒子，让她送给娶她的男人。普罗米修斯深信宙斯对人类不怀好意，告诫他的弟弟埃庇米修斯不要接受宙斯的赠礼。可他不听劝告，娶了美丽的潘多拉。潘多拉被好奇心驱使，打开了那只盒子，立刻里面所有的灾难、瘟疫和祸害都飞了出来。心理学把这种“不禁不为、愈禁愈为”的现象，称为潘多拉效应。

如果宙斯当初送给潘多拉盒子时，便告诉她盒子里装的是什么以及为什么不能打开，想必潘多拉很可能就不会打开那个魔盒了。

当人们被禁止采取某个行为又没有被提供给可以接受的理由时，人们多会逆道而行。例如被规定为不准进入的禁区，人们会千方百计地想要进入一窥究竟。对于秘密，人们有一种天生的获知欲，这也正是潘多拉效应产生的根本原因。

倘若想避免潘多拉效应，我们就要在进行某种行为之前对此做必要的了解，对不被允许的行为得到充分合理的解释。如果面对诱惑，仅仅通过禁止的方法并不能消除人们的好奇心，反而会引起疑虑、猜测，增强想要进一步探知的欲望。所以，潘多拉效应与行为的自控力密切相关。好奇心的驱使、对未知世界的获知欲等，会影响着我们的自控力。

美国斯坦福大学的沃尔特·米歇尔博士做了一项通过延迟满足感的方式来了解行为自控力的实验。参加实验的都是 4~5 岁的孩子，测试的工作人员在每个孩子的桌子上放了一块棉花糖，告诉孩子们说 15 分钟后再回教室。他们随时可以吃掉那个棉花糖，但是如果谁没有吃掉，将会得到另外一块棉花糖。

对于孩子来说，棉花糖的诱惑真不小。也许 15 分钟的时间太长了，没能忍住棉花糖诱惑的、自控力相对差点的孩子，没坚持到15分钟就把糖吃了。而自控力比较强的孩子，要么闭着眼睛想别的事儿，要么做别的事情，都尽可能地转移注意力。当然，他们忍住了15分钟的诱惑，得到了两块棉花糖。

通过这个棉花糖的实验，测量到每个人的自控力是有差异的。几年后，这些参加测试的孩子在学习成绩、人际交往、成长方面都表现出明显的差异。自控力较强的，在成长过程中也能善于控制自己，实现自己的目标；自控力较弱的，每每只满足于瞬间的满足。

每个人都需要有自控力，那么如何衡量一个人自控力的高低呢？可参看以下四个品质：

(1) 果断：善于迅速明辨是非、合理决断和执行的心理品质。

(2) 自觉：即对自己行动的目的和意义有明确认识，并能主动地支配和调节自己的行动，使之符合于预定目的。自觉性强的人既能独立自主地按照客观规律支配和调节自己的行为，又可以不屈从于周围环境的压力和影响，坚定地达成目标。懒惰、盲从和独断是与自觉性相反的意志品质。

(3) 自制、自控：是指善于促使自己执行已做出的决定，排斥与决定无关的行为，克制自己的负面情绪和冲动行为。

(4) 坚韧：坚持自己的决定，百折不挠、克服困难以达成目标。

习得性无助

什么是习得性无助？这是心理学上的一个专业术语。

来看一些事例：

一个小女孩，在课堂上偶尔几次发言不顺利，可能是结巴或者停顿，但是遭到了身边同学们的大声嘲笑，一下子这个痛苦就被钉入心中。以后每每发言她都和这次一样糟糕，而且愈演愈烈。后来的情况是：她在课堂上不能回答任何问题，因为无法出声；出门后不能去商店买东西，因为她无法与销售员进行交流。但是她在私底下与家人朋友之间却不存在这样的障碍。这就是习得性无助。

一个人偶然一次或者几次体会到社交的创伤，但自己事后被当时产生的痛苦所困，经过多次强化暗示后，便有可能对以后类似的痛苦产生习得性无助。

一个学生每次考试都考不及格，久而久之他便对学习失去了信心，甚至产生厌学情绪。正是由于以往的挫折经历，使得他认为自己无论怎样努力都不能取得成功。这就是习得性无助。

一位 50 多岁的男企业家事业屡次受挫，他不顾一切地趴在一位十几岁少年的肩头放声痛哭。这就是习得性无助。

把一条大狗关进笼子里。然后旁边有人按响蜂鸣器，接着用电击痛苦地刺激它，顿时它就作困兽状，上蹿下跳。多次刺激后，打开笼子，再按响蜂鸣器，此时，还未等电击，大狗便开始在笼子里满地打滚，把本可以趁机逃跑的事忘得一干二净！本来可以主动地逃避却绝望地等待痛苦的来临，这就是习得性无助。

在泰国曼谷的街道上，常常见到这样的情形：象夫领着大象一路走，一面让大象将象鼻朝路人伸出去，偶尔来点屈膝或摇头摆脑的动作；助手们则在人群中向人们兜售香蕉或甘蔗来喂食大象。旁观的人或出于好心或出于趣味而自掏腰包，因为泰国的古老传统中大象可以带来风调雨顺，甚至有的泰国人仍旧在大象肚子底下走三次来祈求好运。午间气温高的时候，不适合上街工作，象夫和助手们就在空地上用野草搭起了防水布，用长长的链子拴着大象，以免它们在象夫等人打瞌睡时乱走。实际上，除非有人偷，大象一般都不愿意动弹。由于这些大象从小经过严格训练才能在街上做卖艺工作，从小就被链子拴得严严实实，逃到无数次也逃不掉后，它们就不再主动地逃脱了，这就是习得性无助。

通过以上事例，我们得出结论：当人或动物经历某种挫折的体验后，在情感和行为上会表现出消极的心理状态，这就是习得性的无助感。

习得性无助是一种正常的心理现象，它可以帮助我们认识到世界上本没有天生的失败者，之所以认为自己失败，是因后天受挫折的经历“习得”而成的。

行为强化定律

心理学家桑代克曾用小鸡、猫等动物，设计一些迷宫和箱子，来研究动物的学习能力和逃脱行为。例如，他将小鸡放入迷宫，小鸡在一次次的实验中，慢慢学会了找到出口。他认为，成功的行为带来的快乐让小鸡记住了这些行为。这就是桑代克强化定律。

心理学中行为强化定律有以下表现方式：

1.阳性强化和阳性惩罚

当一种行为出现后，伴随着喜欢的事情，称为阳性强化。例如，你的宠物狗如果在转圈后得到了它想得到的食物，那么它将学会转圈；如果你的孩子自己洗好了袜子后得到你的赞许和表扬，那么他将继续这样的行为。

当一种行为出现后，伴随着讨厌的事情，称为阳性惩罚。例如，你吃面的时候太着急而烫了嘴，疼痛惩罚了你的着急，下次你可能就不再那么着急了。

2.阴性强化和阴性惩罚

当一种行为出现后，讨厌的事件就解决了，称为阴性强化。例如，你不喜欢下雨，但是使用雨伞或雨衣就可以避免被雨淋湿，那么你将继续带着伞。

当一种行为出现后，喜欢的事情就消失了，称为阴性惩罚。例如，当一个女孩打了自己的弟弟，父母亲就取消了给她的零花钱，运用阴性惩罚让她知道以后不能再打弟弟了。

3.代币奖励

代币奖励法是根据操作条件反射的强化法而设计的一种行为治疗方法，用一种奖励品来强化病人正常的行为，如彩色纸、印花、五角星等用作代币，而使不良行为逐渐消退。例如给病人“货币”，实际上是一种奖品，起到奖励的作用。当然，这些代币奖励品只有在病人达到了期望目的时才能获得。

心理医师常常用代币奖励法来改善和治疗儿童多动症行为。他们为 12 名多动症儿童设计了一个实验：每三个孩子一组，每当小组中的一个孩子不过度活动时，老师就奖励给他用一个代币。用这枚代币可以换糖果或玩具，但必须三人小组一起换，奖品平均分配。每个孩子为了得到代币，去换取想要的糖果或玩具，都表现出没有过度活动的行为。于是，在其中一个孩子被代币和其他两个孩子的鼓励所强化的过程中，他们的多动症行为便逐渐减少了。

4.塑造法行为

塑造法行为又称积极强化，是塑造新行为的一种过程和方法。其原理是操作条件反射。它把期望行为分成若干部分，分别对各个部分进行积极强化，采用逐步晋级的作业，在完成作业时按情况给予奖励，以期达到确立完整期望行为和改善不良行为的目的。

5.消退疗法

根据经典条件反射原理，如果条件反射不加强，便会自然消退。消退疗法便是以此为基础发展而成的一种行为疗法。行为治疗学家认为，人的不良行为和病态都是不良条件持续强化作用的后果，如果消除这些不良的强化作用因素，不良行为就会自然消退。

例如，用来治疗恐惧症的认知疗法其中就包含了行为强化。幼儿最初不害怕小动物，因为偶然被小动物抓伤或咬伤，便产生了对小动物的恐惧。而且，不仅害怕活的小动物，由于泛化的作用，也害怕带毛的动物玩具甚至皮毛制品。

利用行为强化中的消退疗法，可先让孩子看一些有毛小动物的照片，让他用手去摸，当婴儿感受到摸一摸并没有伤害时，再让他接触一些零碎的小块皮毛，当幼儿感受到摸一摸皮毛也不会被“咬”到时，再让他玩一玩毛绒玩具。等幼儿适应后，再让他重新去看一看真实的小动物，鼓励他去摸一摸，这样害怕小动物的行为就逐渐消退了。

巧妙地运用强化法可以帮助我们来改变生活中的不良行为。在学校教育中，一些老师经常运用强化法来奖励学生或惩罚学生，从而加强学生们的行为规范。

二

心有灵犀一点通：

关于感觉和认知

【本章关键词】

感觉 知觉 第六感 既视感 心灵感应 视网膜效应 认知 错觉 预知 绝对化要求 证实性偏见 共识偏见 后视偏见

你听说过“爱丽丝仙境综合征”吗？

据一则新闻报道，有一种人在看东西时会人为地夸大或缩小。例如看自己的房子和狗屋一样大，看鸟巢却像礼堂一样大。他们可能会将一个空间很小的盒子或箱子当作自己的住所。这种与现实颠倒的错觉现象，称为爱丽丝仙境综合征。

我们都喜欢“找感觉”

我们每天都会遇到各种所见所闻，因为有眼睛所以能看见，有耳朵所以能听见，有舌头所以能品尝……如果我们对视觉、听觉、嗅觉等知觉世界再稍加观察的话，就会发现不可思议的事非常多。例如，一样宽的铁轨远处的看起来总比近处窄；又如，耳朵能区分发自不同声源的音色，如男声、女声、钢琴声、提琴声；又如，人在芳香四溢的房间里待久了会闻不到花的香味。这在心理学上称为人类的感知觉。

通常我们说的感觉，是指一种欲望或需要，例如需要吃饭、需要排泄、需要睡眠等。这种欲望可分为心理欲和行为欲，例如你想考第一名，那么你就会有好好学习这样的行为。心理欲让你产生一种驱动力，行为欲让你专心致志去做。

心理学上对感觉的定义是指感知觉，是人的身体和大脑如何对我们周围的刺激，如视觉、声音等产生感觉，不同的感觉通道是如何接收和加工信息的，大脑是如何组合不同种类的信息以提供对世界完整认识的经验的。

对于城市的上班族而言，无论是乘地铁还是坐公交，上下班的高峰期间是很拥挤的，即便是车内较空时，仍会觉得很拥挤。而对于那些习惯客满的乘车人来说，若车里人少一些就会觉得相当空荡。对于经常搭空车的人，只要车子稍微一拥挤就觉得透不过气来。这是因为周围的情况变化而导致的看法不同。心理学告诉我们，由于以往的经验或处于某种状态下时，即使是同样的事物，也会有完全不同的感受。

加拿大的科学家曾经做过一项感觉剥夺实验。被试者是一些自愿报名的大学生，每天可得到 20 美元报酬，比当时大学生打工一般每小时挣 50 美分要多得多，所以大学生们都极其愿意参加实验。所有参与实验的大学生每天就是24小时躺在有光照的小屋的床上，时间要尽量的长，只要他愿意的话。他们有时间吃饭、上厕所，但是他们需要戴上半透明的塑料眼罩（视觉被限制）；戴上纸板做的套袖和棉手套（触觉被限制）；头枕在泡沫橡胶的枕头上，空气调节器还会发出单调的声音（听觉被限制）。实验前，大多数被试者还觉得可以利用这个机会好好睡一觉，或者考虑论文、课程计划什么的。但后来他们报告说，他们不能集中注意力，对任何事情都不能进行清晰的思考，哪怕是很短的时间。实验后的第7天，被试者出现视错觉、视幻觉、听错觉、听幻觉、注意力涣散、思维迟钝、对外界刺激过于敏感、情绪不稳定、紧张焦虑、神经症等症状。这个感觉剥夺实验的研究表明，当人与外界环境刺激处于隔绝的特殊状态时，会发生某些心理问题。

在心理学上还有一种说法称为感觉的代偿性。

在美国电影《闻香识女人》中，主人公是退休的军人史法兰，长期的失明生活使得他对听觉和嗅觉异常敏感，甚至能靠闻对方的香水味道识别其身高、发色乃至眼睛的颜色。

盲人比我们更能敏感地认识这个世界，他们通过耳朵不仅可以辨识声音的高低，对声音的左右、前后也都可以敏锐地感应，进而判断声音的来源。这种应用听觉的空间知觉能力，所谓“以耳代眼”，就是所说的感觉代偿性。

知觉是感觉的延伸

桌子上放着一个苹果，我们通过它的颜色判断出是红的，闻一闻，知道是带有果香气味的，放到嘴里咬一口，知道它的味道是甜的。这些都是我们身体的各项感官所带来的感觉信息。当外界刺激作用于人的感官时，人脑对外界整体的看法和理解，为我们的感觉信息进行组织和解释。但是，是什么告诉我们这是一个苹果而不是其他水果呢？这是来自人的知觉对这些信息进行整体的组织和加工的结果，也就是说，通过圆形外观、红色的表皮、香甜的气味等综合加工和判断，我们会确定这是苹果。

以此我们可以知道感觉与知觉的关系：知觉是建立在感觉的基础上的，如果一个物体没有给我们的感官带来刺激，那么我们就会对它没有感觉，同时也不会存在知觉。如果以苹果为例，放在盘子里的苹果如果没有引起我们的注意，它是红苹果还是青苹果，味道是甜的或是酸的，是大的还是小的，都没有让我们拿起它来去看、去闻、去尝的欲望，那么就会对它“视而不见”，没有知觉，甚至会将苹果判断为其他水果。

因此，知觉是对所感觉材料的加工和解释。知觉要凭借过去的经验，其过程中还包括思维、记忆等的参与，所以知觉对事物的反应和判断比感觉要深入、准确和完整。

知觉主要分为 3 种：空间知觉、时间知觉和运动知觉。

1.空间知觉

指对物体距离、形状、大小、方位等空间特性的知觉。主要利用双眼的视差，使得视网膜上呈现略有差异的映象，这是观察物体空间关系的重要线索。大小知觉是在深度知觉的基础上对不同远近的物体做出的大小判断。听觉空间知觉，在距离方面主要以声音强度为线索；而要判定声源的方位则必须依据双耳听觉线索。

2.时间知觉

指对时间的客观延续性和顺序性的感知。对于时间的知觉，既来自外部，也来自内部。外部评定可通过计时工具，或者季节环境的周期性变化，如日落日沉；内部评定是通过机体内部的一些有节奏的生理过程和心理活动，如女子的月经等。

3.运动知觉

指对物体的运动特性的感知，估计物体运动的速度，多表现在交通航行、体育运动及军事射击等方面。

错觉是一种特殊的知觉。对客观事物不正确的知觉，我们称为错觉。虽然你眼见，但不一定为实。如服装设计师通过知觉的原理来拉长模特的腿，化妆师或造型师通过知觉的原理来修正脸形，建筑师或室内设计师利用知觉原理创造比实际空间更大或更小的空间等。

我们都熟悉的文章《两小儿辩日》中对错觉进行了生动的描绘：一个小孩说："太阳刚出来时大如车盖，到中午时分小如盘盂，所以早上太阳离我们更近。"另一个小孩说："太阳刚出来沧沧凉凉，到中午时分热如沸水，所以中午太阳离我们更近。"在两小孩争论不休时，孔圣人路过，但得知他们争论的问题之后，智者孔圣人竟也无言以对。

伟大的科学家爱因斯坦在他的相对论中曾做出如下比喻："如果你和一个美丽的姑娘坐上两小时，你会觉得好像只坐了一分钟；但如果你坐在炽热的火炉旁，哪怕只坐上一分钟，也会感觉好像是坐了两小时。"从心理学角度来说，这也可以视为一种时间错觉。

不同的情绪和心态对时间的知觉会表现为过快或过慢，这种对时间的不正确的知觉叫作时间错觉。和美女聊天是甜蜜的体验，人人都希望它能长时间持续下去；相反，在炽热的火炉边烤着，分分秒秒都是煎熬。所以，当人的内心有了愉快的知觉体验时，会感到时间过得快；相反，则感到时间过得慢。在一个星期中度过了星期三，我们会感到时间过得快，在一年中度过了半年，我们也会感到时间飞速，也是这个道理。

据一则新闻报道，有一种人在看东西时会人为地夸大或缩小。例如，看自己的房子和狗屋一样大，看鸟巢却像礼堂一样大。他们可能会将一个空间很小的盒子或箱子当作自己的住所。这种与现实颠倒的错觉现象，又称为爱丽丝仙境综合征。

“未卜先知”的第六感

人类的一些心理活动和现象是如此的神秘，即使科学也没法解释。其中，最重要的一项就是第六感。

第六感也称为直觉。许多人都有过这样的经历：有人走进房间，能自觉感受到哪些地方有问题，有差异；从细小的地方，感受到一些东西，得到一个整体的印象，尽管很难用语言表达出来；或者，准备做什么事情的时候，会预料到有什么事情发生，而在进行的时候，真的发生了！

有的人把这种真实感觉当作个人行动的“私人向导”，将其看作智慧的一部分，于是倾听并相信这种给人引导的直觉。

第六感超出了一般的视觉、听觉、触觉等的范围，似乎是神秘的、无法解释的。其实，在这些事情的背后，都有大脑无形的运作。我们得到的直觉，更多的是大脑从生活中进行推演的结果。这个过程是在大脑感知区域进行的，而不是认知区域，所以我们并不能理解为什么是这样，但是我们就会觉得是这样。

哲学家兼数学家帕斯卡关于直觉说过这样一句话：“心灵活动有其自身的原因，而理性却无从知晓。”这一观点后来得到了证实，并且得到了进一步的确认。要知道，在我们的思维中，有一部分是我们无法把握的；这些难以把握的“自动思维”就构成了直觉。

第二次世界大战时期，美国著名超心理人士塞西曾帮助一些人预知他们的亲人在战场上的安危。能准确感知当事人在战场上阵亡，这曾使塞西感到十分痛楚。这种现象在心理学上称为遥感。英国一项调查显示，80%的人曾经有过遥感经历：例如正在想某人时，对方来电话了。而这并非可以用简单的“巧合”来解释。

1948 年，苏联超心理人士迈兴到阿什哈巴德做表演。他刚到这座城市，一种强烈的不安就迫使他马上离开。于是，他便放弃表演离开了。三天后，一场大地震降临阿什哈巴德，造成 5 万人丧生。

所以，有的人认为，第六感能够起到避祸的作用。在生活中，我们常常会发现身边有的人具有超强的第六感，他们天生敏感，能够在事件发生之前感觉到“异常”，这种“超能力”着实让人羡慕。

不过，千万不要以为第六感可以解决一切问题，因为第六感并非人的特异功能或者神奇之力，而是长期积累的结果。这就是为什么象棋大师一眼就可以看到哪一颗是关键的棋子，而新手却要经过很长时间的磨炼，才会有这样的直觉。

另外很重要的一点，第六感并不总是可靠的。准确地说，人们往往会把一些非理性的判断认为是第六感在起作用。正如英国威尔士大学研究员奥利弗·特恩布尔博士所说：“无论你对直觉的态度如何，当你心烦意乱时，更可能做出非理性的选择，并相信自己的判断是真实的。”

预知是第六感的一种。有关此问题，我们不禁会问：人真的会有预知能力吗？它是一种心理超能力吗？

预知是一种超感官知觉，让“感知者”能“感知”到而不是由已有的知识推理出未来会发生的事。与之相关的词叫“预感”，是指一种人心中关于未来事件的资讯。这种资讯比较接近感觉而非知识。

在佛经中有一个术语称为授记，就是一种“预言”。它是佛（或人们）对未来将会发生的事情，做定时、定量、定性的“默认定”。

就像所有的超能力现象一样，科学界内对第六感现象有很多争议。因为未来具有无限的可能性，所以关于第六感能力，还有待于科学的进一步探索。

让人备感亲切和熟悉的“既视感”

你为什么会对某些事物、某个场景感到似曾相识？你是否有过这样的经历：突然感觉眼前的场景无比熟悉，对于每一个细节都感到似曾相识，甚至对于接下来所要发生的一幕，你也了如指掌，恍若昨日重现一般。这种似曾相识的感觉便是既视感。

既视感指的是在现实环境中突然感到自己曾于某处亲历某个画面或者经历一些事情的感觉，对没见过的场景、事物形成仿佛见过的一种错觉。

根据心理学定义，既视感包括如下三种类型：

1.某种场景好像在何时经历过

这是最常见的一种既视感，特点是感觉强烈，细节清晰，不仅仅是视觉，连听觉、味觉、嗅觉、触觉以及周围的一切，都好像是过去某个时刻的全部复制，就如同过去某个事件被你遗忘，现在突然想起来一样。不过，事实上，这并不是你所恢复的记忆，因为这种场景一般很短，只有几秒至几十秒。

2.某种感觉好像在何时有过

这种感觉与场景经历不同的是，你所经历的不再是某个场景，而是某种感觉，无论这种感觉是愉悦还是郁闷，你都会感到好像与这种感觉重逢一样。

3.某个地方好像在何时去过

这种感觉的经历者是最少的，具体表现为一个人到达某个从未去过的地方时，感觉周围的环境是如此熟悉，对周围的每一个细节都了如指掌，仿佛曾经生活在这个环境中很长时间。

据科学调查显示，大约70%的人在一生中至少经历过一次既视感。

人们为什么会出现既视感？心理学家认为，这是因为在某些时候，人们无意识接受了某些信息，但自己却浑然不知，当人们再次接触无意识所接受的信息时，就会感到好像似曾相识一样。例如，你去朋友家做客，你忽略了朋友家墙上的一幅油画，虽然主观上你不认为自己看到过这幅画，但是实际上这幅画的信息已经被你的记忆库所记录、所存储。经过一段时间后，当你再次看到这幅画的时候，你的大脑所记录和存储的相关信息就会被调出来，你就会想当然地认为已经看过这幅画了，于是，既视感便产生了。

尽管很多的人都会出现这种“似曾相识”的主观体验，但是每个人所发生的频率是不一样的。一般而言，人们更容易对一些与情绪密切相关的事情记忆深刻，因此当人们处于一种情绪不稳定的状态时，“似曾相识”发生的概率就比较大。

“心灵感应”真有其事吗

人与人之间真的有心灵感应这回事吗？我们所谓的“心有灵犀”、“心灵相通”看似极其神秘和不可思议，而关于心灵感应的实验，自古一些心理学专家就致力于这方面的研究。

进行实验最多的，就要数双胞胎心灵感应实验了。因为很久以来，人们一直认为，双胞胎在身体形貌上有别人无法相比的近似度，他们在心灵上也一定存在着某种相近的东西，例如想法、愿望、观念等。所以，人们普遍认为，双胞胎之间是存在某种心灵感应的。

心理专家认为，这种感应包括心灵感应、转移疼痛感应以及感知对方身在何处。但此论断备受争议。

在很多影视剧作中，一些有关双胞胎之间心灵感应的故事屡见不鲜。例如，两个双胞胎兄弟或姐妹跨越时间、距离甚至生死，都会传递和保持着心灵相通的力量。这不能不说是一个奇迹。

下面这个故事就证明了这一点：

科里和艾米是一对双胞胎姐妹，她们分别了25年之后再次重逢，却依然能够从彼此的身上寻找到自己生命中的一部分，而究竟是什么，却说不清楚。

在科里还在襁褓中时，就被她的养父母抱回家收养了，他们一家在美国佛蒙特州生活。当科里20岁时，考上了佛蒙特大学。令人奇怪的是，在学校里，她常常被别人误认为是艾米。艾米是谁？跟我有什么关系？科里心想着，这个谜一样的问题无数次出现在她的大脑里。

偶然的一次机会，或许是上天的有意安排，科里见到了那个叫艾米的姑娘。那是在一个周末的夜晚，在一家餐馆里，科里一个人正独自用餐时，对面走过来一个青年，冲她叫了一声“艾米”，并在她身旁友好地坐下来开始和她聊天，就像一个熟悉的校友一样。可是科里愣住了，她并不认识艾米，于是她反复向青年解释她并不是艾米，他认错人了，结果那个青年也惊呆了。他打赌说，科里肯定与艾米有关系，因为她们实在长得太像了！

青年给了科里艾米的联系方式。接下来，很自然地，科里打通了艾米的电话。结果不出所料，科里和艾米正是双胞胎。

在亚特兰大街附近的停车场上，久别重逢的双胞胎姐妹终于见面了。刹那间，惊讶、欣喜、疑惑，让她们一时说不出话来。她们就面对面地站着，彼此看着对方，看到对面站着一个和自己一模一样的女孩，竟不知如何是好。

虽然时间跨越了25年，但是姐妹俩并没有一丝的生疏感和距离感，反而像老朋友一样一见如故！后来，姐妹俩还发现，她们有许多共同点：品位相投，兴趣爱好相同，抽相同牌子的烟，语言风格相同，甚至于知道对方在想什么。

科里常常说：“那种感觉就像有两个我在对话，艾米就像是我的一部分。很多时候我知道她在想什么，是什么感觉，而她也是这样。也许这就是心灵感应吧。”

后来，专业医师将这种双胞胎之间有超自然的感应能力，称为超感知觉。超感知觉的意思并不是说，在双胞胎之间，其中一个不在跟前，而另一个就可以听到他说的话，而是这样一种感觉：当彼此想念对方正准备打电话联系时，对方则说："嗨，我正想给你打电话呢。"

故事中的科里和艾米是双胞胎，意味着她们共有50%的相同基因。DNA能决定大脑结构的生长方式。如果大部分DNA相同，那么大脑结构就会很相似，思维方式也会相似。也就是说，科里和艾米并不是故意去猜测对方的心思，只是相同的基因决定了她们具有相似的思维方式。

视网膜效应是怎么回事

你一定有过这样的体会，当你买了一件新衣服而兴高采烈地穿出门，结果发现正与街上的某个美女"撞衫"，你便会感慨，怎么有这么多人买了与你一样的衣服；如果你大龄未婚，偶遇了几个同样单身的高龄人士后，你就会觉得，怎么会有这么多单身未婚的人士……总之，对于那些你平时不怎么关注的东西，当你予以关注的时候，你会在不经意间发现一下子增加了很多。这种现象就是心理学中所说的视网膜效应。

视网膜效应指的是当我们自己拥有一件东西或一项特征时，我们就会比平常人更多地注意到别人是否跟我们一样具备这种特征。从另一个角度也可以解释为：你所看到的世界，正是你内心世界的外在反映。

有一个有趣的心理学实验：

在哈佛大学的一堂600人参加的大课上，教授拿出一张大图片，要求学生在几分钟内寻找几何图形。这是一幅街景，上面有车流、人群、商店……之后，教授将图收起来。

教授问："看到正方形的人请举手。"众人举手。"看到圆形的请举手。"众人举手。

教授再问："公共汽车里面坐了几个人？"只有几个人举手。"街头鼓楼上的大钟指向几点？"没人举手。

教授打开图片，学生们这才注意到，公共汽车上的人，鼓楼上面的钟。

接下来，教授又放了一段关于球赛的录像，要求大家看完之后回答两队各进了多少球。学生们双眼紧盯屏幕，丝毫不敢放松。

录像结束。教授问："两队各进了多少球？"众人回答正确。

教授再问："球场边有一只大猩猩走过，有谁注意到了？"众皆茫然。

重放录像，果然有一只大猩猩堂而皇之地昂首阔步走过。

问题是，为什么600双顶尖聪明的哈佛学子的眼睛，没有看到公共汽车里的人和鼓楼上面的大钟？大猩猩这么抢眼的位置，怎么就没有人注意到？只因为，你关注什么，你就看见什么。

五大不合理的认知模式

常见的五大不合理认知模式有：绝对化要求、以偏概全、证实性偏见、共识偏见和后视偏见。

1.绝对化要求

所谓的绝对化要求，是指人们以自己的意愿为出发点，对某一事物怀有认为其必定会发生或不会发生的信念，它通常与"必须"、"应该"这类字眼连在一起。例如，"我必须获得成功"，"别人必须友善地对待我"，"生活应该符合'好人有好报'的法则"等。当产生这种信念后，人们极易陷入情绪困扰中——客观事物的发生、发展都有其特定规律，它们并不会对人的意志做出妥协。就某个具体的人来说，他不可能在每一件事情上都获得成功，他很难让所有的人都喜欢自己，同样，"好人有好报"的理论也很难在现实生活中得到求证。因此，当某些事物的发生与他们对事物的绝对化要求相悖时，他们的情绪就会变得非常负面，感到周围的一切让人难以接受，由于无法适应而使情绪变得非常糟糕。

2.以偏概全

“以偏概全”是另外一种不合理的认知模式，美国临床心理学家、合理情绪行为疗法的创始人艾利斯曾说过：“以偏概全是不合逻辑的，就好像以一本书的封面来判定其内容的好坏一样。”

以偏概全包括两个方面的认知：

一是人们对自己的不合理的评价。当自己遭受失败后，便悲观地认为自己一无是处、是“废物”等。只是单纯通过自己在一件事或者几件事上的结果来评价自己，对于自己的能力和未来做出判断，这种认知方式常会导致人们产生自责自罪、自卑自弃的心理，以致情绪也变得焦虑和抑郁起来。

二是对他人的不合理评价，即别人稍有差错就认为对方品德不佳、一无是处等。当被人全盘否定后，便会理所当然地责备他人，甚至产生敌意和愤怒等负面情绪。按照艾利斯的观点来看，以一件事的成败来评价整个人，这无异于一种理智上的法西斯主义。他认为一个人的价值就在于他具有人性，因此他主张不要去评价整体的人，而应代之以评价人的行为、行动和表现。

3.证实性偏见

认为一旦一件不好的事情发生了，将会带来非常可怕、糟糕的结果，甚至引发一场灾难。这是一种“糟糕至极”的想法。“糟糕至极”的想法是一种非常不合理的认知，是绝对化要求的认知倾向。当我们所认为的“必须”和“应该”的事情背离了意愿，我们就会感到无法接受，进而走向极端，认为事情已经糟到了极点。

你往往会将某一天视为自己的“倒霉日”，例如早晨闹钟突然出了故障，结果导致自己没有按时起床，你匆匆忙忙地起床后，意外地发现今天正好下雨，你在马路上打车时，平时空闲的出租车消失殆尽，你等了十多分钟才终于打上了一辆出租车。当你到达公司后，发现平时只在下午才来的老板竟然已坐在了办公室里，而且还恰巧发现了你这个迟到者。于是，你便会感觉，这一天真是糟透了，简直是“屋漏偏逢连阴雨”，所有不好的事情都让自己遇到了。

在心理学中，有一种认知偏见叫作证实性偏见。也就是说，人们普遍偏好能够验证假设的信息，而不是那些否定假设的信息，人们总是过于关注支持自己决策的信息。例如，当一个人因最初发生的一两件事情而将某一天视为自己的“倒霉日”后，便会格外关注一些“不好”的事情，通过这些“不好”的事情来证明自己厄运不断。但事实上，这一天很可能还发生了一些“好”的事情。但由于证实性偏见的存在，这些“好”的事情都被忽视了，过分关注的只是那些“不好”的事情。

证实性偏见是普遍存在的认知偏见，例如如果一个人讨厌某一位同事，便会下意识地关注这名同事负面的人格素质和行为，导致这种不喜欢的情绪逐渐升级，造成人际关系的对立；如果一个人赞同某个观点，便会列出很多理由来证明这个观点的正确性，对于观点不合理的一面则视而不见。

4.共识偏见

庄子和惠子是好朋友，有一天他们一同在濠水的桥上游玩。庄子叹道：“儵鱼出游从容，是鱼之乐也！”惠子反问道：“子非鱼，安知鱼之乐?”庄子说：“子非我，安知我不知鱼之乐?”惠子说：“我非子，固不知子矣；子固非鱼也，子之不知鱼之乐，全矣。”庄子接着说道：“请循其本。子曰‘汝安知鱼乐’云者，既已知吾知之而问我。我知之濠上也。”

从心理学的角度来说，“子非鱼，安知鱼之乐”是有道理的。如果一个人认为自己懂得了鱼的快乐，那不过是发生了“共识偏见”罢了。

共识偏见，是人们不自觉地把自己的认识强加给别人的认知倾向。在现实生活中，我们时常会产生共识偏见，用自己的主观意识去解释别人的世界，以致给对方做出了类似“像笨蛋一样”、“十足的傻瓜”、“毫不理性”的负面论断。

我们在与家人和朋友相处的时候，也容易出现共识偏见。例如当大多数人的意见与自己不相同时，便会抱怨，心情也会变得恶劣。

5.后视偏见

我们往往会认为自己在事前就可以预测到结果，但结果证实，未必可以如自己想象的那样准确，这就是后视偏见，也就是人们常说的“马后炮”。有一些人常常自我炫耀地认为自己具有料事如神的本领：“其实我早就料到最近一段时间某某公司的股票会大涨”、“某某刚刚谈恋爱的时候，我就知道那段感情长不了”、“房价的上涨趋势全在我的预料之内”……

还有一部分人是“事后诸葛亮”，他们会在结果得到证实之后会对人不自觉地炫耀自己的预知。

后视偏见对人们认知世界、获取经验、拥有和谐的人际关系有非常大的负面影响。如果一个人认为很多事件的结果都在自己预料之内，便不会从中吸取经验；如果一个人对自己的预知能力产生崇拜，甚至认为自己可以提前预测出他人的行为，便很难获得和谐的人际关系。

所以，关于那些自认为可以看透一切的“先见之明”，其实不过是一种认知偏见。

三

时光隧道中的思维穿越：

关于记忆和遗忘

【本章关键词】

记忆 短时记忆 长时记忆 耳虫现象 超忆症 失忆 遗忘 艾宾浩斯 记忆障碍 错构 虚构 柯萨可夫综合征

你有没有这样一种感觉：

在电视上一看到“凤凰传奇”两人登台，脑子里就会不由自主地响起那首经久不衰的《最炫民族风》；

一看到妩媚迷人的“白娘子”赵雅芝，脑海里就会响起《千年等一回》的旋律？

这不仅仅是明星和经典老歌带给我们的不朽魅力和永不褪色的记忆，而是有着科学的心理学依据。人们叫它“耳虫现象”。

记忆是智慧之母

希腊诗人阿斯基洛斯有一条至理名言：“记忆是智慧之母。”一切知识的获得都来自记忆，记忆是一切智力活动的基础。

人生在世，大事小事，都离不开记忆；没了记忆，就和没了大脑差不多，生活也就失去了意义。可如果问一句：什么是记忆？恐怕能说得像那么回事的人还真不多。

记忆就是过去的经验在人脑中的反映，是心理反映机能的一个基本方面。由于记忆，人才能保持过去的反映，使当前的反映在以前反映的基础上进行，使反映更全面、更深入；有了记忆，人才能积累经验，扩大经验；有了记忆，先后的经验才能联系起来，使心理活动成为一个发展的过程，使一个人的心理活动成为统一的过程，并形成他的心理特征。没有记忆，一切心理的发展、一切智慧活动，都是不可能的；即使记忆发生局部的或一时的障碍，如因脑受伤或精神病患而发生的对某一时间阶段以前的经验或某一类经验的全部遗忘，心理活动也要发生极大的困难。

1.记忆的四大环节

记忆是一个复杂的心理过程，包括识记、保持、回忆、认知四个基本环节。四个环节互相联系、不可分割：识记和保持是回忆和认知的前提和基础；回忆和认知是识记和保持的结果，并能够加强识记和保持。

识记，是识别和记住事物、积累知识经验的过程。识记通常是一个反复感知的过程。例如，识记外文单词，常是经过多次诵读，形成它的音、义、拼法间的巩固联系，从而记住它。当然也可能经过一次感知就能记住，即所谓“过目不忘”。识记是记忆的第一个环节。识记非常重要，因为要形成记忆、提高记忆效果，必须要有良好的识记做前提。

识记过一个事物后，当那个事物不在你面前时，你的头脑中仍然会出现那个事物的形象，这叫作记忆的表象。表象具有直观性和概括性。例如，一说起大象，你的头脑里就会浮现出大象的样子，有大大的身体、长长的鼻子等，这就是直观性；你或许见过许多种大象，例如亚洲象、非洲象，或是成年象、小象、公象、母象等，各有各的特点，可事后浮现在眼前的大象形象无非就是身体庞大、鼻子很长，这就是概括性。

表象是记忆的主要内容。我们在记忆中能够回忆很久以前看到的人、事以及听到的声音，主要是依靠表象来实现的，因而表象在记忆中的地位极其重要。

回忆即以前感知过的事物不在眼前，把对它的反映重新呈现出来。而客观事物出现在眼前，人感到熟悉并确知是以前感知过的，叫作认知。记忆主要以回忆（再现）和认知（再认）的方式表现出来。回忆和认知之所以可能，是由于经过了识记。

人的大脑感知过的事物、思考过的问题和理论、体验过的情感和情绪、练习过的动作等，都是记忆的内容。

2.记忆的四大类型

记忆分为感知形象记忆、逻辑记忆、情绪记忆和运动记忆四种类型。

感知形象记忆，即把感知过的事物的形象作为内容的记忆。例如，你看到大街上跑的汽车，就会对汽车的形状有记忆。

逻辑记忆，即把概念、公式和规律等逻辑思维过程作为内容的记忆。例如，对数学公式、物理定理的记忆。

情绪记忆，即把体验过的情绪和情感作为内容的记忆。例如，对和好朋友外出游玩时的高兴心情的记忆。

运动记忆，即把做过的运动或者是动作作为内容的记忆。例如，对游泳、骑自行车的动作的记忆。

在日常生活中，这四种记忆形式不是单独存在的，而是相互联系的。

3.记忆的系统性

有这样一个人，他想学习整部百科全书。于是他从头开始学，可是从

“A”开始学到100多条的时候，就再也学不下去了。这让他很苦恼，不知问题出在哪里。实际上，他是违背了记忆的规律。

心理学家认为，一个人要想最好地理解和记忆所学的知识，最好的办法是把知识放到一个体系之中。有了相互的关联和比较，知识才容易记忆。

有些人知道得并不少，可是在记忆里他们的全部知识只是一些死东西，当需要忆起某种东西时，却总是忘记。有些人知识虽然可能少一些，但全部得心应手，并且能够随时在记忆里再现所需要的东西。这两种人的区别就在于，前者脑子里没有一个合理的知识体系，而后者则建立了记忆的系统性结构。

所以，记忆是在学习的同时建立起知识体系，在脑子里把知识和用这些知识的场合联系起来。或者说，材料在识记过程中应当被不断地加以系统化。正如俄国军事家苏沃洛夫的恰当比喻：“记忆是智慧的仓库，但是在这个仓库里有许多隔断，因而应当尽快地把一切都放得井井有条。”

短时记忆和长时记忆

根据记忆所保持时间长短的不同，可以把记忆分成短时记忆和长时记忆两种。

1.短时记忆

短时记忆是信息从感觉记忆到长时记忆的一个过渡阶段。它对信息的保持时间为一分钟左右。例如，你从朋友那里听来一个电话号码，可以马上根据记忆记录下来，但过后要想用那个号码，则只能看记录了。这个记录靠的就是短时记忆。又如，听课时边听边记笔记，也是依靠短时记忆。

短时记忆的容量很小，一般只有7±2个单位。一个单位可以是一个数字、字母、音节，也可以是一个单词、短语或句子。

利用组块法可以增强短时记忆。例如，移动电话号码共有11位，超出了

7 位的界限，一个个地记很难短时记下来，而如果把它分为三个组块来记就容易多了。运用组块法，个人的知识经验很重要。例如，心理学家曾经对象棋大师、一级棋手和业余新手对棋局的记忆能力进行了研究，发现：对一个随机设置的棋局，大师、一级棋手和业余新手的回忆正确率没有差别；而对一个真实的棋局，大师的记忆准确性为 64%，一级棋手为 34%，业余新手却只有 18%。为什么会这样呢？主要是因为在真实的棋局中，高水平的大师和棋手可以利用丰富的经验发现和建立棋子之间的关系，形成组块，迅速记忆；如果是随机摆放的一盘散棋，大家都一样，大师和棋手的经验组块优势就不复存在了。

短时记忆力测验：

下面列出 3 行数字，两个数字成为一组，每行 12 组。你任选一行，在60 秒内读完，即平均每 5 秒钟读一组数，然后把记住的数字写出来，数字顺序可以颠倒。

364573298728436275599367

734964834127622938937497

572932479486146775284935

结论：

如果能将一行中的 12 组数字全部默写正确，说明你的短时记忆力超常；

如果能默写出 5~9 组数字，你的短时记忆力优良；

如果只能默写出 4~7 组数字，你的短时记忆力一般；

如果连 4 组数字都没有记下来，你的记忆力就比较差了。

2.**长时记忆**

长时记忆是指存取时间在一分钟以上直到许多年甚至终身保持的记忆。与短时记忆相比，长时记忆的信息在头脑中存储的时间长，容量没有限制。

长时记忆大部分来自对短时记忆内容的加工，主要是把新的信息纳入已有的知识框架内或把一些分散的信息单元组合成一个新的知识框架，也有小部分是由于印象深刻而一次获得的。

例如，记“transportation”这个单词，如果一个字母一个字母地记，费劲又容易出错，而如果把这个单词分成“tran”、“sport”、“ation”三个部分就好记了，先运用分组块法短时记忆。如果想长期地记住这个单词，就要反复进行短时记忆，并且不断将它和其他词比较、联系。

长时记忆由于信息存储在头脑里，提取会受时间和各种原因的影响。也许你自己有过这样的经历，在大街上看到一个朋友或过去的一个熟人，但是你想不起来他叫什么，只觉得面熟。等到过一段时间之后，你才想起来那个熟悉的人的名字。

耳虫现象：“余音绕梁而不绝”的秘密

你有没有这样一种感觉：在电视上一看到“凤凰传奇”两人登台，脑子里就会不由自主地响起那首经久不衰的《最炫民族风》；一看到妩媚迷人的“白娘子”赵雅芝，脑海里就会响起《千年等一回》的旋律？这不仅仅是明星和经典老歌带给我们的不朽魅力和永不褪色的记忆，而是有着科学而神秘的心理学依据。

据英国雷丁大学的心理学家毕曼和威廉姆斯研究发现，几乎所有的人都经历过一段旋律在脑中不断重复却挥之不去的现象，这称为耳虫现象。“耳虫”并不是生长在耳朵里的痒痒虫，而是一种来源于大脑的神经活动，它会引发人的认知，让人忍不住去回想。

心理学家做过这样一个实验，他们给被试人演奏了一首熟悉的歌曲。结果发现，被试人大脑听觉皮层会自动“充填”，即大脑会一直唱歌，甚至在演奏结束很久以后，歌声还一直萦绕在被试人的脑海中。所以我们会说，“余音绕梁而三日不绝”，也正是此意。

我们可以将“耳虫”比喻为一个强势者，具有一种消除其他旋律或曲调的能力，一旦在脑海出现，便会以势不可当的力量将其他旋律所掩盖。更加有趣的是，“耳虫”还可以通过哼唱传递给别人，会让其他人也出现耳虫现象。

为什么会出现耳虫现象？从心理学角度，可以有两种解释：

1.非自主记忆提取现象

德国记忆心理学家艾宾浩斯提出了非自主记忆提取现象的说法。具体来说，在我们的大脑中，信息往往是根据相关性存储的，我们提取了A信息，就会自动触发与之相关联的B信息。大部分“耳虫”都是由人们接触到的声音、想法触发而来。例如在网上一看到“植物大战僵尸”游戏的画面或图案，脑袋里就会响起“植物大战僵尸”游戏的音乐。

2.感觉后象

外界刺激停止后，感觉印象仍暂留一段时间，这种现象称为感觉后象。感觉后象分为正后象与负后象。正后象在性质上和原感觉的性质相同，负后象的性质则同原感觉的性质相反。例如注视电灯一段时间后，关上灯，仍有一种灯在亮着的感觉印象，这是正后象。如果目不转睛地盯着一盏白色的荧光灯，然后把视线转移向一堵白墙，会感到有一个黑色的灯的形象，这是负后象。

事实上，视觉、听觉、嗅觉、味觉等各种感觉都会出现感觉后象。各种后象的持续时间与原刺激作用的时间有关。刺激作用的时间越长，产生的后象持续时间越长。就算接受长时间感觉刺激后，没有立刻出现感觉后象，也会在以后的某一刻出现。

耳虫现象通常是无害的，并不会给人带来长时间的折磨。但是如果你正处于考试状态或者入睡前，脑海中出现了耳虫现象，就会严重干扰你的大脑思维和记忆。因为考试需要集中注意力，得到良好的睡眠需要思想放松，而一旦将注意力转移到“耳虫”上，就会产生厌烦心理。当这种耳虫现象成为一种条件反射不断出现，并达到严重的程度，就变成了强迫症。强迫症患者的耳虫现象会更加严重，在他们的脑海里同一首歌不会只出现一次，之后很快消失，而是持续地骚扰他们。

我们还要注意一点的是，耳虫现象不同于幻听。二者的区别在于，幻听是精神分裂症的一种症状，幻听的时候音乐是真的在脑中响起来，而耳虫现象只是在不断回想这段音乐，并没有真实地听到它。

如何避免耳虫现象带来的思维干扰？心理学家提出以下几点建议：

如果“耳虫”不影响你的注意力，可以顺其自然。一般来说，正常的耳虫现象会在短时间内消失。因为根据心理学上的自我控制的逆效应，越是努力摆脱某些想法，越是忍不住去想起它。

如果耳虫现象进入脑海中，那么就去满足“耳虫”的侵扰，完整地听一遍这首歌。一边做事一边哼唱，是不错的办法。

如果不想受到一首歌的“耳虫”干扰，就去换一首自己喜欢的歌来听、来唱。

用其他的方法转移注意力，如和别人聊天，想一些其他的事情等，耳虫现象就会自动摆脱掉了。

提高记忆力的诀窍

古往今来，很多杰出人物都是头脑清晰、记忆力超群的。

拿破仑在制定法典的会议上能随口引证 19 岁时在禁闭室内看过的罗马法典。达·芬奇十几岁时到寺院里游玩时，被一幅壁画吸引住。回到家后，他毫不费力地把壁画上的图像画了下来，栩栩如生，宛如原作。

被称作“音乐神童”的莫扎特在西斯汀教堂里只听了一遍就把神秘不外传的大合唱默记在心。

周恩来对人只要见过一面，许多年后还能认出并叫出对方的名字。

唐朝的吴道子在天宝年间应唐明皇之召去考察四川嘉陵江的景致。回京复旨时唐明皇要看他的画稿，他说：“我没有勾画，稿子都记在心里了。”后来，仅用一天时间他就把嘉陵江三百余里的风景活现在了画稿上。

俄国作家契诃夫只要见过一个人一次，就能永远记住这个人的特征。

古希腊著名盲诗人荷马能将他的巨著《荷马史诗》中27693行诗句倒背如流。

我国著名桥梁专家茅以升教授在83岁时还能记住圆周率至小数点后百位。

……

超强记忆力总能引起人们极大的兴趣和好奇心。古希腊人就对记忆极其崇拜，把记忆置于极为高贵和神秘的地位。在古希腊神话中，有一位名叫摩尼西尼的"记忆女神"，身边有九位漂亮的女儿专司文艺与科学。古希腊人就视记忆为"文艺与科学之母"，没有记忆，就没有文艺和科学。

人们还发现了一个有趣的事实：人的被遗忘了的信息在很久之后还能被"拾捡"回来。一位科学家每天读几篇希腊文给2岁的儿子听，当儿子8岁半时又让儿子学习希腊文章。结果显示，掌握2岁时听过的文章要比掌握尚未听过的文章快1/3。

人的记忆力之所以会出现有强有弱的差别，其中存在哪些秘密和诀窍呢？怎样可以使记忆力得到加强和提高？

自古以来，人们就对如何提高记忆力进行了科学探索和实验。

有的人喜欢借助视觉去记忆，总是清晰地再现出书本与笔记本中的需记内容。有的人喜欢借助听觉去记忆，即使接受视觉信息时也将其转换为听觉信息，有的人移动身体会记忆得更好些，这称为动觉记忆。

每个人都有自己的最佳记忆时间。按年龄阶段看，人的记忆最佳年龄通常在青年时代。如果以18~29岁的记忆力为100的话，那么10~17岁为95，29~39岁为92，40~69岁为83，70~89岁则降至55。

按时间和季节来看，春秋两季是记忆的最佳季节。春天风和日暖，万物更新，是大脑发育和发挥记忆潜能的最佳季节。金秋果实累累，气候宜人，人们食欲大增，大脑和各部器官容易获得充足的营养，利于脑部发育和记忆潜能的发挥。春秋的凉爽气候比起盛夏的酷热更有利于提高人们的记忆力。

神秘而传奇的“超忆人”

美国 43 岁女子吉尔·普赖斯是第一个被发现患有“超忆症”的人，她是美国洛杉矶一所学校的管理人员，能记住从 1980 年以来自己生命中每一天发生的任何大事小事，但这种“天赋”却让她饱受折磨。她出版的一本书《无法忘记的女人》，对这种“超人记忆”还特别做了介绍。

美国 58 岁男子鲍勃·佩特莱拉是洛杉矶市一名电视制作人，他拥有绝对惊人的超级记忆力，能记住自己从 5 岁起 53 年生活中每天发生的几乎任何大小事情。只要给出一个日期，他就能立即说出那天他遇到了什么人，以及做过什么事情，甚至当天的天气和他午餐吃的什么。由于鲍勃的记忆力如此精确，以至于科学家将他称为“人肉日历”。

早在 5 岁时，鲍勃就能记住每个月中 1/4 到一半的日子是怎么过的。而随着年龄增大，他的记忆力有增无减。鲍勃称，他第一次发现自己的惊人记忆力天赋是在上小学的时候，当时他可以轻松地通过每一次考试，甚至无须进行任何复习，因为所有学习内容他都过目不忘，精确地记在了他的大脑中。

生活中的鲍勃利用他的超级记忆力将大脑变成了一个电话存储卡。“我记得所有人的电话号码。即使手机丢失，我一点也不着急，因为手机里没有任何号码，号码都在大脑里。”

有一次，鲍勃参与加州大学一项关于记忆的研究活动，他的惊人记忆力令在场的科学家目瞪口呆。当时，科学家对鲍勃随机询问了 60 个记忆难题，但鲍勃竟然全部答对了。

美国威斯康星州 52 岁男子布拉德·威廉斯也是“超忆症”的男子，他能清楚地记住过去一生中每天发生的任何大小事情。布拉德也被人称为“人体谷歌”，因为他回忆某些事件的速度比别人通过搜索引擎查询的速度还要快。

布拉德的大脑就像是一本关于名字、照片、日期和各种事件的百科全书剪贴簿，过去生活中发生的每样事件，都会在布拉德的大脑中“编成目录”，他任何时候进行回忆，都能立即从“大脑百科全书”中找到需要的东西。

美国加利福尼亚州女子 AJ 患有“超忆症”，和布拉德一样，AJ 能记住一生中发生的任何大小事情，包括那些令她悲伤的事。

英国一名叫雷利安·海曼的男子，也患有“超忆症”。他记得近 10 年来自己吃过的每顿饭，做过的每件事以及每天如何穿戴等。

古印度佛陀身边有位弟子名叫阿难，拥有过目不忘的本事，大多数流传至今的佛经均由阿难在佛陀灭世后凭记忆做出，其记忆力让人惊叹，也算一个名副其实的“超忆人”。

超忆症属于无选择记忆的分支，表现为大脑拥有自动记忆系统，会将所有经历过的事情丝毫不落地记住，而且可以在很多年后依然清晰记得。“超忆人”通常对数字、时间尤其敏感，但这些并不是他们刻意去记忆的。

超忆症的两条基本特征：（1）患者通常会非正常地花大量时间回忆自己的经历；（2）患者通常会有从个人经历中摘取超大容量细节的能力。

目前全世界有超忆症的成年人为数不多。加州大学学习和记忆神经生物学中心的科学家对 2000 多名记忆力超常的人进行了研究，结果发现，“超忆人”的大脑形状与正常人略有不同。而且他们有着许多惊人的相同之处，例如他们全都是左撇子，都喜欢大量收藏电视指南、老电影和剧院节目单等。

科学家至今无法理解超忆症患者的大脑是如何工作的，有人推测，超忆症患者的大脑某处控制记忆的部位可能发生了紊乱或者受到创伤，令人不仅没有失去记忆，反而加强了记忆。可见，超忆症患者的大脑对研究人员来说是一个不解之谜。

为什么会失忆

美国58岁女子贝基·普罗普斯特在11年前遭遇了一次癫痫发作，结果她一生的记忆都在一瞬间全部消失。当贝基苏醒过来时，她成了一个没有记忆的人，她的大脑就像一张白纸一样空白，她不再认识任何家人和朋友，甚至不记得自己叫什么名字。

贝基失忆了。

贝基的大脑中遭遇了一场“电子风暴”，导致她的所有记忆——过去发生的经历、事件、认识的熟人以及她自己的身份全都被抹除得一干二净。

贝基常常这样说：“如果我是一台计算机，那就好像我的硬盘遭遇了格式化一样。”从那以来，失去过去所有记忆的贝基开始重建了自己的生活，她开始重新认识自己的家人和朋友，重新找了一份工作，她还写了一本书，讲述了自己的失忆经历。

失忆症是由于脑部受创而产生记忆混乱的病症，简单来说，就是丧失记忆。主要特点是意识、记忆、身份或对环境的正常整合功能遭到破坏，对生活造成困扰。

失忆症患者常表现为对短期事物的记忆力丧失，言语表达困难，对抽象事物的理解力有障碍，容易忘记事情、重复问题或重复要求事情，情绪易激动或变迟钝、不合作等。

失忆症主要分为心因性失忆症和解离性失忆症两种类型。

1.**心因性失忆症**

心因性失忆症患者丧失对过去经验的记忆，失忆现象是由心理原因而形成。患者所丧失的记忆，有时只限于对某段时间的事情不能记忆，只记得旧事而忘记现在的。有的只限于对重要的事情没有记忆，此种情形又称为情节性失忆症。患者所丧失的记忆，有的是因遭受痛苦打击之后突然发生，过一段时间之后也可能恢复记忆。

所以，心因性失忆症可总结为如下四种类型：局部性失忆，即患者对某些创伤事件发生前后数小时内的情况完全失去记忆；选择性失忆，即个人对某段时期发生的事情选择性地记得一些，遗忘一些；全盘性失忆，指个人完全忘记自己的生活背景，包括姓名、地址等；连续性失忆，指个人忘记自某一年或某一事件之前的过去经验。

2.解离性失忆症

解离性失忆症最常见的是对个人身份的失忆，而对一般资讯的记忆则是完整的。解离性失忆症患者中女性多于男性，年轻成年人多于年长者。患者会无法回忆先前的生活、人格，不记得“过去”，特别是创伤性的生活事件。

此外，与解离性失忆症相联系的还有一种被称为解离性迷游症。患有此症的人常会离开原来的家庭或工作，旅行到另一个陌生的地方建立另一个家庭或工作。当他们被寻获后，已经有一个新的“自己”。但是如果有人询问他们过去的重要资料，如原来的姓名、家人、工作，他们完全没有记忆。在他们的生活中，“新我”与“旧我”也并不存在矛盾。从心理学角度而言，患有解离性迷游症的人很可能也具有多重人格。

失忆症还可分为暂时性失忆和永久性失忆。

暂时性失忆是由于大脑受到外界的剧烈碰撞，造成脑积血，血块压住部分记忆神经导致失忆。经过手术后就会恢复记忆。暂时性失忆通常是人在遭受到重度社会心理压力之时，经由个人意识、认同或行为协调突然地暂时性地改变，容易造成身心崩溃，如果是意识发生改变，则记不起来重要的个人事件，便发生了心因性失忆症。

永久性失忆则是永久性地丧失记忆，无法恢复。

失忆症的原因有器官性原因或功能性原因。器官性原因包括大脑因创伤或疾病遭到损害，或使用某些（通常是镇静类）药物而造成。功能性的原因是心理因素，如心理防卫机制。

失忆症患者无法设想未来，这是因为他们脑部的海马体受损，当一个正常的人想象未来时，他们会利用其过去的经验构建一个可能发生的情况。而失忆症患者无法做到这一点。

最后，我们还应该明确的是，失忆与健忘是不同的。

健忘是大脑的思考能力暂时出现了障碍，症状随着时间的发展会自然消失。人的最佳记忆力出现在20岁前后，然后脑的机能开始渐渐衰退，年龄越大记忆力越差。

健忘的发病原因主要有年龄因素、外部因素和心理因素等。40岁以上的中老年人更容易健忘。持续的压力和紧张会使脑细胞产生疲劳，导致健忘。过度吸烟、饮酒、缺乏维生素等可以引起暂时性记忆力减退。心理因素对健忘的形成有不容忽视的影响，很多抑郁症患者因大脑的活动力低下而导致健忘。

遗忘：给心理减负的重要方式

记忆和遗忘既像是冤家，又像是形影相随的孪生兄弟。人从开始记忆的那一刻，遗忘也就开始了。遗忘是正常的生理和心理现象，也是维持大脑正常运转所必需的一步。

德国心理学家艾宾浩斯对遗忘现象做了最早的系统研究，发现遗忘在识记之后就立即开始了，最初进展得很快，以后逐渐变缓慢。他用无意义的音节做记忆实验材料，根据实验数据绘制出了一条曲线，即著名的艾宾浩斯遗忘曲线。

艾宾浩斯遗忘曲线表明了遗忘发展的一条规律：遗忘进程是不均衡的，在识记的第一个小时内遗忘很快，保存在长时记忆中的信息迅速减少，以后逐渐缓慢，到了相当的时间，几乎就不再遗忘了，也就是遗忘的发展是“先快后慢”。除了遗忘规律，艾宾浩斯的发现还揭示了在长时记忆中保存的信息能够持续多长时间的问题。研究发现，在长时记忆中信息可以保留数十年。

所以儿童时期学过的东西，即使多年没有使用，一旦有机会重新学习，都会较快地恢复到原有水平。如果不再使用也可能被认为是完全忘记，但事实上遗忘绝不是完全彻底的。

除了时间因素以外，遗忘的进程还受其他因素的制约。人们最先遗忘的往往是没有重要意义的、不感兴趣的、不需要的以及不太熟悉的信息。

艾宾浩斯记忆遗忘曲线启示我们，如果想取得理想的记忆效果，便要不断地对记忆材料进行重复，并且最好在理解的基础上记忆——否则，你的遗忘速度会快于你的记忆速度。

人为什么会遗忘呢？对于这个问题，目前主要有两种解释，即消退和干扰。消退论认为，遗忘是记忆痕迹得不到强化而逐渐减弱以致最后消退的结果。干扰论则认为，长时记忆中信息的遗忘主要是因为在学习和回忆时受到了其他刺激的干扰，而一旦干扰被消除，记忆就可以恢复。许多研究表明，长时记忆的遗忘，自然消退起到一定作用，但主要还是由信息间的相互干扰造成的；一般先后学习的两种材料越相近，干扰作用越大。那么干扰又是如何导致遗忘的呢？研究证明，几乎所有长时记忆的遗忘都是由于某种形式的信息提取失败。

记忆障碍

所谓记忆障碍，是指人脑受到损伤或在精神因素影响下不能正常反映过去经历和发生过的事情的异常心理现象，即由于记忆过程部分或完全受到破坏，使人不能把脑中反映过的客观事物的映象或经验以痕迹的方式保留下来并加以再现。

记忆障碍主要有三种表现：

1.**记忆增强**

指人在病态情况下或其他特殊情况下，如患有强迫症、躁狂症和偏执性障碍等，对原来已经遗忘的经验或根本记不起来的事情能十分清晰地记忆起来，甚至包括许多久远的事件细节。

2.**记忆减退**

指人的识记、保持、回忆和认知这四个环节的能力比一般人有不同程度的减退，或某一个环节受到严重破坏，导致记忆能力减退。记忆减退可能是短时记忆减退，也可能是长时记忆减退。一般是由短时记忆减退逐渐发展到长时记忆减退，直至产生遗忘症。

3.**歪曲记忆**

又称为潜隐记忆，指把过去见过、听过、读过甚至梦中体验过的东西与不同来源的记忆混淆起来，相互颠倒，确认这是自己实际体验过的事物。

在电影《阳光灿烂的日子》里，主人公回忆青春少年时与女主人公相见相识的故事。记忆里的事情都是很美好的，但对于一些细节，很多时候都是事后自己的想象和英雄主义情结。通常记忆也会发生下列现象：

(1) 错构：对一个真实事件的追忆中添加了错误的细节。错构在正常人身上有时也会见到，但弥漫性脑病变可使错构倾向更为强烈。

(2) 虚构：以想象的、没有真实根据的内容来填补记忆缺陷。谈论这些“经历”时仿佛确有其事。但严重的虚构是器质性脑病的特征之一，与病理性谎言不同，后者并无记忆缺陷，而是由于他们富于幻想，喜欢制造虚假经历以博得别人的注目和同情。

(3) 柯萨可夫综合征：又名遗忘—虚构综合征，表现为近事遗忘、虚构和定向障碍。此类患者往往有兴奋情绪，否认患病。柯萨可夫综合征常表明下丘脑尤其是乳头体附近有病变存在，可能是慢性酒精中毒、脑外伤、脑肿瘤等病变。

(4) 旧事如新感和似曾相识感：有旧事如新感的人，在感受早已熟知的事物时，有一种初次见面的陌生感。似曾相识感，指人接触完全陌生的事物时，有一种早先经历过的熟悉感。有此体验的多是神经症和癫痫患者。

四

一个肉体，千面灵魂：

多重人格分析

【本章关键词】

分离性身份识别障碍（DID）人格面具 表演型人格 强迫型人格 自恋型人格 偏执型人格

依赖型人格 回避型人格 边缘型人格 反社会型人格 分裂型人格 情感型人格 冲动型人格 被动-攻击型人格

一个多重人格障碍患者究竟能分裂成几个人格？

心理学研究表明，平均有 13~15 个不同的人格，最多可达近百个！

一个人的肉体中能装下 100 个不同的灵魂，这完全有可能！

当一个肉体被安置多个灵魂时，会产生多个自我，结果就是不但自己不认识自己，而且也让别人感到迷惑不已。

人格的构成：本我、自我、超我

2008年，北京籍男子杨佳带着一把20多厘米长的单刃剔骨刀，闯入上海市闸北区政法办公大楼，用刀连续袭击9名警察和1名保安，导致6名警察死亡，3名警察和1名保安受伤，而后被制伏。

一位权威人士透露，在一度拒绝配合警方录口供之后，杨佳首度解释犯案动机的第一句话赫然是：有些委屈如果要一辈子背在身上，那我宁愿犯法。任何事情，你要给我一个说法，你不给我一个说法，我就给你一个说法。

看到这则新闻的时候，人们在感到震惊之余，不禁产生疑问：为什么会发生这种事？

根据司法部司法鉴定科学技术研究所的评定，杨佳并不存在精神问题，也不是精神分裂，意识也很清醒。从目前情况看，很有可能是人格上有问题。据此，心理专家分析，杨佳可能是偏执性人格和攻击性人格的结合体。

专家所说的“杨佳可能是偏执性人格和攻击性人格的结合体”，意思是说，他的人格出了问题，有了障碍。人格有障碍的人是一个不完整的人。所以，我们常常听到一些骂人的话也与“人格”搭上边，如“你的人格不健全!”、“人格有缺陷!”、“你有人格障碍!”

如果我们听到别人对自己这样的评论，我们会不假思索，本能地反击过去——“你的人格才不健全呢!”、“你的人格才有问题呢!”很显然，他人说我们人格有缺陷，并不是什么好事，也是我们极力否认的；而当我们听到他人赞扬我们有“人格魅力”的时候，我们常常会欣然接受，并高兴不已。

那么，到底什么是人格呢？

人格通俗地说被称为个性。这个概念源于古希腊，原来主要是指演员在舞台上戴的面具，类似于中国京剧中的脸谱。后来心理学借用这个术语来说明：在人生的舞台上，人们也会根据在戏中扮演角色的不同而戴上不同的面具，这些面具就是人格的外在表现。摘掉面具后才是真实的真我，即真实的人格，它可能和外在的面具截然不同。

在心理学上，由于心理学家各自的研究取向不同，对人格的看法也有很大差异。一般来说，人格是一个人的独特思维、情感和行为模式。每个人都是由独特的才智、价值观、期望、感情、仇恨以及习惯构成的，这就使得我们形成了一个与众不同的自己。人格不仅具有独特性，同时也具有稳定性，这也决定了你以前是什么样，现在和将来都是什么样。

奥地利心理学家弗洛伊德将人格分为“本我”、“自我”和“超我”三部分。

“本我”是人出生时就有的固着于体内的一切心理积淀，是被压抑的、非理性的、无意识的心理本能，如生命力、内驱力、本能、冲动、欲望等。它就像一个小孩子一样，不考虑其他因素，只想满足自己。

“超我”与“本我”相反，是人格系统中专管道德的“司法部门”。它凌驾于“自我”之上，仿佛是社会道德训条、高尚道德的代表，来监督控制“自我”。它遵守的是一种道德原则。它就像一个执法机关，随时监督你的道德准则和行为。

“自我”则介于“本我”和“超我”之间，是一个人后天学习形成的，是对自身与社会的理智的认识。它正视现实、符合社会需要、按照常识和逻辑行事。它遵照现实原则，压抑“本我”的种种冲动和欲望以进行“自我”保存，另外也尽量使“本我”得以升华，将其盲目冲动、欲望引入社会认可的渠道。例如，抑制自己的欲望。虽然饿，但知道什么能吃，什么不能吃。这都是“自我”的控制和压制。

然而，“自我”、“本我”和“超我”三者之间是不稳定的，有时候会出现此消彼长的情况。如果把握不好，就容易产生人格问题。

刘薇今年 25 岁了，至今还没有男朋友。主要是因为她家教比较严，父母亲不让她在外面胡乱认识男人，他们说，碰到合适的会给她介绍。在他们看来，主动去找男朋友的女孩都比较轻浮。刘薇也认为父母说得有道理。于是刘薇将那些追求者全部打入“冷宫”，不再来往。

但在生活中，刘薇很想引起男性的注意。一个偶然的机会，她结识了一个网友，每天他都准时上网。她感觉和这个朋友聊天很放松，生活中遇到的事都给他说，有的时候甚至想打电话。刘薇自己有时候也纳闷：我一面排斥男人一面又想引起他们的注意，是不是我有什么毛病？

当然了，刘薇没有什么毛病。这只是她在人格上的一种矛盾冲突。一方面，她觉得应该听父母的话，自己要做个守规矩的女孩，不能在外面瞎谈朋友，不能影响了自己的名誉；另一方面，她希望被异性欣赏与接纳，所以在与男性电话聊天时满足了心理需要，所以她就会出现一方面拒绝男性的追求，一方面又想打电话给他。这就是她的“本我”与“超我”在不断地斗争。

刘薇需要做的是逐步改正自己的观念，毕竟现在不是封建社会，女孩子也可以有正常的男女交往；另外，交往中也要自重，避免轻浮。总之，要协调好“本我”和“超我”之间的关系，掌握好其中的平衡，尤其要避免走向两个极端。

一个真正健康的人格中，“自我”、“本我”、“超我”这三个组成部分必须是均衡、协调的。我们要使自己有一个完善、健康的人格，就应该学会平衡和协调“自我”、“本我”和“超我”这三者的关系。

常见的十二大人格特征

人格是我们的思想、感觉和行为的一贯模式。我们都会在思想、爱、感觉、决策和采取行动的方式中表现出自己独特的人格特征。可以说，人格是使我们的生活多姿多彩或者悲喜交加的主要原因。

由于各种家庭因素或外在压力等原因的长期影响，人格会在不知不觉中形成变异，造成人格障碍。主要是指人格特征明显偏离正常，这种偏离或者是认知，或者是情感，或者是控制冲动及满足个人需要，或者是人际关系方面的异常偏离。人格障碍患者会难以适应社会环境，同时自身也感到极其痛苦。

常见的十二大人格特征有：

1.表演型人格

“我天生就是一个很焦点的女孩，长了一张妖媚十足的脸和一副性感万分的身材，穿着大胆性感，个性叛逆嚣张，在各种场合都出尽风头，自然被我勾引来的男人数不胜数……”这是我们都熟知的网络红人——芙蓉姐姐的经典语录。

“我9岁开始博览群书，20岁的时候达到顶峰，没有任何人能够超过我。我现在看的都是一种社会人文类的书，例如《知音》杂志或者《故事会》，以我的智商和以我的能力，往前面推三百年，往后面推三百年，六百年之内，不会有第二个人超过我。”

这是我们都熟知的另一位网络红人——凤姐的经典语录。

她们都是具有表演型人格的典型人物。她们的这些令人匪夷所思的话语和行为，不过是为了吸引大众的注意，她们眼里看到的，只有别人的关注。别人的任何评价对她们来说是用来证明自己成为焦点的证据。对于表演型人格的人来说，别人的赞赏或贬低都不重要，重要的是要让自己成为被关注的焦点人物。

2.强迫型人格

有一个笑话：牧师、医生、工程师三个人去俱乐部打高尔夫，不知什么原因，他们前面的四人组，打球的速度太慢而严重地影响了他们打球的速度。他们找到高尔夫球场的工作人员询问原因，工作人员说那四个人是消防员，因救俱乐部的火灾而失明，所以让他们在场地里免费打球。听完解释后，牧师说他要为这些可怜的人祷告；医生说他认识著名的眼科专家，看看能不能帮上忙；而工程师说，看在上帝的份儿上，为什么不让他们晚上玩呢？虽然工程师的说法有点缺乏人情味，但正是体现了强迫型人格的特点。牧师和医生的反应完全是建立在情感因素上的，而只有工程师的反应是纯理性的。对于强迫型人格的人来说，那些掺杂着哭哭啼啼的情感反应，远远没有理性思考来得重要。所以，在生活中，力求完美的人就显得刻板和没有温情，甚至有些冷酷无情，其实这只是他们的人格特点和对待生活的方式而已。

3.**自恋型人格**

古希腊神话中，河神之子那喀索斯是个相貌俊美的少年，是很多女子的爱慕对象。但是那喀索斯生性孤傲，对这些爱慕者无动于衷，只对自己的水中倒影爱慕不已，成天顾影自怜，最后抑郁而死。他化作水仙花，仍留在水边守望着自己的影子。后来，他的名字 Narcissus 就成了“自恋”的代名词。

现实生活中也有不少自恋型人格的人，在他们的眼里，唯我独尊，从来不会站在别人的角度上看问题。他们当中有很多人比较优秀，或者有某方面的非凡能力，因此很多人都会成为领导者。

4.**偏执型人格**

张妍最近要辞职，而且一刻也不愿意再留在公司了。对于她的想法，她的朋友都一致反对，因为她所在的是外企，无论是工作还是待遇都是很不错的。可是张妍说不辞职简直能让她发疯。原来事情是这样的，张妍的主管上司是个非常干练的中年女性，履历表上令人羡慕的成就一大堆。但是她这个上司对下属的工作要求十分苛刻，哪怕是工作 5 年的老员工，也会因为微不足道的小事而被训斥半小时。大家都常常绷着一根神经在工作，因为不知道上司什么时候会突然发作。

很明显，张研遇到了一个有着偏执型人格的上司。对于拥有偏执型人格的人来说，他们会用怀疑的眼光看待周围的一切。

5.**依赖型人格**

对别人过多的需要，过分的依赖，对自己没有自信认同，不能自己去决定自己该干什么，过分地要求他人去承担自己的生活，或者将自己想要的东西强加在他人身上去实现，不然就无法适应现在的环境。会强求别人对他服从，经常怀疑别人不关心他，害怕被社会遗忘，总是要求身边的人不可以离开，当别人不理他时他会感觉极度害怕，会有自我毁灭的感觉。这些都构成了依赖型人格特征。

依赖性人格的人会觉得自己无助、虚弱、空虚、低人一等。他们一直生活在恐慌之中，害怕失去。独自一人对他们来说简直是无法忍受的。他们在绝大多数场合中需要处处被关照。

依赖性人格的主要成因是童年早期的依赖需求没有得到足够的满足，从而导致成年期的心理固着在“口欲期”，以致使一个人的“心理哺乳期”不断延长。依赖性的人常常被别人称为“长不大”、“幼稚”等。

6.回避型人格

一位男子在一次意外事故中失去了左手。尽管后来接了假肢，但是那次意外对他心理的摧残却是无法恢复的，他总是觉得自己低人一等，看到朋友们看他的眼神时，虽然明白他们对他很同情，但是，他却觉得同情中有种让他自卑的怜悯。因此，他感到做什么都没劲，不愿见人，不愿工作，老想躲进深山，了却残生。

回避型人格以一贯感到紧张、提心吊胆、不安全及自卑为特征，总是需要被人喜欢和接纳，对拒绝和批评过分敏感，因习惯性地夸大日常处境中的潜在危险而有回避某些活动的倾向。他们总是郁郁寡欢，扮演隔窗观望的局外人的角色；他们渴望融入一个团体，但同时又回避着别人——一想到不被认可、不受喜爱或者毫不出众，他们就觉得无法忍受。于是他们退出以求生存，排斥社交。

7.边缘型人格

边缘型人格特征是在人际关系、情绪表现与自我形象方面都显得不稳定，他们的自我形象不断变化，情绪变动极大，无法控制自己的冲动，常常表现出沮丧、愤怒、自我仇恨、自大、焦虑、迟疑、空虚等不良心理；他们不能运用自己的才能和天赋，但是他们没有这些又活不了。边缘型人格的人等于生活在永恒的痛苦中。

8.反社会型人格

某26岁男子，其祖母和三个姑姑都有精神病史，一生气就发作，表现为大哭大笑，但睡几天就好了。他从小娇生惯养，小学时常搞恶作剧，例如往米饭中吐口水、朝水瓶中撒尿、往同学脸上撒土等，而且学习成绩很差，经常和人打架，扰乱课堂秩序。初中一年级被学校开除。参加工作后，不遵守纪律，工作很差。喜欢吃霸王餐，晚上还常外出偷盗，被别人阻止时就拿刀捅人，非常野蛮。后来被劳教两年，其间两次逃脱和伤人，延长劳教一年。后来因抢劫被判死刑。经心理医生诊断，该男子为反社会型人格障碍患者。

反社会型人格特征是人格偏离社会化，内心体验与外在行为违背社会常情和社会规范，不能正常地进行社会交往和适应社会生活，具有一定社会危害性。这种人根本不在乎别人的感受或者社会规则，冷漠无情、无视社会道德规范、行为冲动和缺乏罪责感；喜欢危险带给他们的兴奋感，通常会参加高危活动；相互独立；有雄辩的口才，懂得交朋友和影响别人的艺术；他们勇敢、胆大包天并且很难对付；他们会跟任何想占他们便宜的人抗争到底。

9.**分裂型人格**

著名的数学家和经济学家、1994 年诺贝尔经济学奖得主约翰·纳什，尽管在科研事业上出类拔萃，然而他却是一个人格障碍患者。他性格孤僻内向，成天关在小房间里研究东西，几乎谈不上有社会关系和人际交往。他为人沉默寡言、兴趣索然、生活随便，给人一种“古怪”的印象。他 40 岁左右才在家人催促下结了婚。后来逐渐发展到产生幻觉的地步，竟差点亲手断送了自己孩子的性命。他所表现出的这些人格特征，心理学上称之为分裂型人格障碍。

分裂型人格是一种具有精神分裂症表现的人格障碍，但与精神分裂症之间并不具有因果关系。分裂型人格的行为表现主要是个性孤僻、情感冷漠和富于幻想；服饰奇特，行为不合时宜甚至古怪，缺乏目的性；不能恰当地与人相处，社交能力差，孤独、被动、退缩，喜欢从事单独的智力性活动，生活上独来独往，远离人群，无亲密朋友或知己，只有在必须与人接触时才与人交往；与周围人难以建立信赖的关系，常常孑然一身；面部表情呆板，对人冷漠，与人交往表露不出任何情感，缺乏情感上的温暖，也不愿与人进行情感交流；过分沉溺于个人想象之中，有相信心灵感应、特异功能等奇异信念，给人一种不能顺应世俗的古怪感觉。

10.**情感型人格**

情感型人格特征是不受环境因素影响，某种突出的不良情绪状态在一生中占有优势。他们认为不管是现在还是将来，人生都没有希望；他们无法使自己快乐，不会放松，挑剔而愤怒，把大多数错误归咎于自身；悲观和压抑是他们普遍的感受，情绪变化极不稳定，常在情绪高涨和低落之间变动。情绪高涨时，显得异常愉快、活跃、积极；情绪低落时，则显得寡欢、愁闷、失去信心，视承诺为负担，有时会做出一些不明智的决定和举动。

11.冲动型人格

冲动型人格特征是因微小精神刺激而突然爆发非常强烈而又难以控制的愤怒情绪，并伴有冲动行为。也称攻击型人格障碍。其表现主要是难以控制的暴怒与暴行。轻者仅局限于口角、吵骂，重者则捣毁物品、斗殴伤人，甚至自伤、自杀。有时可有相当良好的人际关系，但不稳定，时好时坏，几乎没有持久的朋友。

12.被动–攻击型人格

被动–攻击型人格特征的具体表现是顽固执拗、固执己见；对别人的任何要求采取耽搁、闲荡、伪装、遗忘、拖沓等手段故意拖延，使之效率低下，以此来表达不满和愤懑情绪，使人感到有一种被动的阻力和攻击性的敌对心态。他们敷衍、抱怨、反对、磨蹭、“忘事”，对主动来帮忙的人冷嘲热讽。他们在内心生活和现实生活中都经历着怨恨和不快，对让其尽职尽责的合理要求不以为然、消极抗拒。

“多重人格”分身有术

多重人格在心理学上的术语称为分离性身份识别障碍（DID）。简单来说，就是把多重人格障碍看作一个肉体中装了多个灵魂，这些灵魂会轮流驱使你的肉体。

关于肉体和灵魂之间的区别，我们会觉得很好判断：“肉体”就是身体，包括躯壳、四肢、相貌等。“灵魂”就是独有的行为模式、语调和身体的习惯性姿势，还包括你的气息、性格以及为人做事的方式等。

例如，你下班或外出回来，还没有进家门，只在楼梯间或门外响起脚步声，家人就能够判断出你回来了。他们不用走出家门去用眼睛亲自看一看是否是你，而仅靠听脚步的轻重和节奏便能分辨出来。你独有的脚步声就可以看作“灵魂”的一部分。

我们经常说一个人从骨子里如何如何，这里的“骨子里”就是指灵魂的部分。而用如今最流行的一句话说就是：“脱了马甲照样认识你。”

肉体和灵魂有时候并不能老实地相互结合在一起，当一个肉体被安置多个灵魂时，会产生多个自我，结果就是不但自己不认识自己，而且也让别人感到迷惑不已。

一个多重人格障碍的患者究竟能分裂成几个人格？心理学研究表明，平均有 13~15 个不同的人格，最多可达近百个！一个人的肉体中能装下100 个不同的灵魂，这完全有可能。

多重人格中的分身除了人格数量上不固定，在性别上也是自由拆分的。一个人可以同时具有一个较小活泼的女性和一个强有力的男性人格两个分身，也可以同时具有主人和动物两个分身，你时而是人，时而是动物。

在一些心理电影中，我们会容易地分辨出不同人格间的转换，并且惊叹于其中的神奇和玄妙。但在现实生活中，一旦有人出现了人格上的转变，成为多重人格障碍患者，我们会觉得不可思议，并且会糊里糊涂地说“这个人怎么变化这么大”。

多重人格障碍患者如不治疗，将会持续终生，而且当他们到了新的环境中生活时，在体内可能还会增生出新的人格。

1.多重人格障碍与精神分裂症的不同

多重人格障碍与精神分裂症有很多共同点，但是完全不同的两种心理障碍。最大的区别在于，前者是一个肉体多个灵魂，而后者是一个肉体一个灵魂。

多重人格障碍患者听到的声音是来自内在的，自己头脑里的，自己跟自己的对话；而精神分裂症患者则会认为别人在向自己发出声音。多重人格障碍患者能认识到所有这些只是一种幻觉，往往会自己压制住这种声音；而精神分裂症患者则认为那些声音都是真实的，但实际上它们并不存在。

2.多重人格与应激心理障碍的不同

为什么有的人被刺激后会变成多重人格，而有的人则只是暂时性地出现应激心理障碍呢？原因是，心理暗示对人有着不同程度的影响。有些人很容易受到心理暗示，有些人则不容易受到心理暗示。容易受暗示的人从严重的创伤中容易分离成多重人格。反之，就不一定要变成多重人格。

研究表明，在生理和心理上对焦虑情感比较脆弱的人，患上多重人格障碍的风险性更高；而有些人即使是承受了最严重的精神创伤，也不会形成多重人格障碍。

多重人格的患者大多数是女性，男女比例为1:9。

人格面具

人格所具有的“外壳”，如同舞台上的角色需要戴的面具，反映出一个人的外在表现；也指一个人面具后的真实自我，由于某种原因不愿展现的人格成分，即人格的内在特征。

人格所包含的内容小到一个人的个性习惯、能力，大到一个人的人生观价值观，十分丰富。

一个老酒鬼刚要走进酒吧，一个修女走上前劝阻说：“酒是罪恶和毁灭的根源，饮酒会污染你的肉体和灵魂，远离酒精走向正途吧！”

酒鬼看了看修女，问道：“你怎么知道喝酒不好？”修女耸了耸肩没有回答。

酒鬼见状，问修女：“你从未喝过酒吗？”

“没有。”

“那我们一块儿进去。我请你喝一杯，你会知道酒精并不是坏东西。”

修女想了想，说道：“好吧，我试试，不过我要是进去，别人会误会的。这样，你进去给我要一杯，记住要用纸杯。”

酒鬼走进酒吧，对侍者说："两杯威士忌，一杯用纸杯。"

侍者嘟囔道："准是那个修女又在外面！"

可以看得出，那个修女是喜欢喝酒的，但受限于她自身的社会角色（修女），为了饮酒的行为不受到其他人的批判，她采取了迂回的方法，以免自己的"人格面具"受到破坏。

"人格面具"是瑞士心理学家和精神分析师荣格提出的精神分析理论之一，指的是一个人公开展示的一面，它是个体内在世界和外在世界的分界点。

"人格面具"是靠我们的身体语言、衣着、装饰等来体现的，以此告诉外部世界我是谁，用人格面具去表现理想化的我。人们之所以要佩戴"人格面具"，是为了给他人留下好的印象，得到社会认同，保证自己能够与他人和睦相处。例如，一个朋友让你评价他的新发型，你真实的想法很可能是"太糟糕了"，但是你往往不会这么表达，而是告诉对方"这个新发型很适合你的脸型"。

"人格面具"具有多重性——在家中，我们是父亲（母亲）、丈夫（妻子）的角色，在职场上，我们是领导、下属的角色。当所佩戴的面具不同时，我们的行为方式也会出现一定的差异，例如一个出言不逊、看似冷漠、凶悍的部门领导在面对女儿时，却是一副性情温顺的姿态。

"人格面具"既有有利的一面，也会有消极影响。它使我们的行为更符合社会规范，有助于带来和谐的人际关系，如果一个人过分地热衷和沉湎于自己所扮演的角色，以致受到"人格面具"的支配，那么就会违背自己的天性，做不到真实的自己，或者借助"人格面具"来掩藏和伪装自己。

多重人格障碍是怎么形成的

我们曾认为神秘莫测的多重人格，正在逐渐地由模糊到清晰地显露出它的面目特征。

塞比尔的母亲有精神分裂症，一旦发作，谁都无从抵挡。所以，塞比尔的童年时期是在母亲的严重虐待下度过的。

塞比尔的父亲面对如此无数个噩梦般的日子，既感到恐惧，又束手无策。于是，他在亲眼看见自己的孩子长久地处于精神和身体上的折磨状态下，性格也渐渐地被改变——从最初害怕看到一个母亲虐待自己孩子的场景到喜欢观摩施虐场面，从内心疼痛变得充满快感。每当母亲施虐塞比尔时，她的父亲都会在撕心裂肺的号哭声中显得无比兴奋。

塞比尔的母亲施虐手段异常残忍，有好几次都让孩子差点没命。在塞比尔还是一个襁褓中的婴儿时，就被母亲用绳子捆起来，然后吊到天花板的吊扇上旋转。当塞比尔成长为一个少女时，有一次在夜晚熟睡中，她的母亲悄无声息地来到她身边，然后把各种各样的东西强塞进她的阴道里！

不幸的童年经历让弱小的塞比尔无处求援，只得独自承受难以忍受的苦痛。渐渐地，她躲进一个虚幻的世界，在这个世界里，她觉得自己不再是塞比尔，而是变成了另一个人。

与塞比尔相比，男孩彼得的命运境遇似乎要更好一点：

彼得在 6 岁的时候曾经历了一场可怕的事情：他目睹了他的母亲将他的父亲刺伤！

在幼小的彼得心里，母亲是疼爱他的，她经常把他打扮成一个小女孩。所以，童年里的彼得常常在花园里玩耍，在花丛中穿着小裙子去追蜜蜂，追彩蝶。

彼得 10 岁那年，有一次不知为什么，一群白人青年将他抓住并对他实施了一顿野蛮的围打。也就在那一次，一颗仇恨的种子在彼得的心灵滋生发芽。他渐渐地变得狂暴而危险，像个冷面杀手一样，而他认为，只有这样才能够保护自己。

从彼得的故事中，我们可以将“多重人格”做一个简单的形象分析，看一看彼得是怎样从“1 个彼得”变成“多个不同的彼得”的。

我们可以将 6 岁前的彼得称为彼得 A。彼得 A 在那时可以算得上是一个非常理性而冷静的孩子，当他亲眼看见父亲被母亲所刺伤的那一幕时，并没有大哭大喊，也没有拼命地去阻止母亲的行为，或者解救父亲，因为他的力气和能力实在还太小。他控制住自己的情绪，默默地躲在一处角落，浑身颤抖地观望着这一切。

心理分析：彼得在目睹了母亲的冲动暴行后，幼小的心灵受到了强烈的冲击，他多么渴望母亲是个温柔的人啊，因为这样他就不会感到痛苦和恐惧了。可是母亲并没有变温柔，于是彼得就将这种强烈的愿望转向自己的身上，让自己变成了一个理智又冷静的彼得 A。

接着，我们将穿花裙子的彼得称为彼得 B。彼得 B 在母亲的培养下变成了一个“小女孩”，在母亲的要求下，他跟那些真正的小女孩一样喜欢花朵、蝴蝶和小动物，喜欢穿漂亮的衣服，尽管他不喜欢，却不敢违抗。

心理分析：母亲非常喜欢把彼得当成女孩来养，但彼得知道自己是个男孩子，他的内心充满了抵抗和不满，渴望自己是个勇敢的男子汉，而不是到处追蝴蝶的小女孩。但是，仍是无奈的结果。彼得不得不让自己分出第二个自我“彼得 B”。

最后，我们将 10 岁后的彼得称为彼得 C。彼得 C 是个危险又狂暴的狠手，是什么原因让一个原本善良纯真的孩子变成了冷血的暴徒？这只是来自一次他被群殴的经历。

心理分析：当彼得被一群白人青年野蛮地围打时，他因自己的弱小而备感羞辱，从那时起，他开始幻想自己成为超人、蜘蛛侠一样的人，无所畏惧，刀枪不入。可是，那只是科幻片中的主角，在现实中，他唯有让自己变得强大、冷酷和暴力，才能避免自己受伤害。于是，彼得的第三个自我“彼得 C”就产生了。

所以，彼得 A、彼得 B、彼得 C 是彼得在不同人格下的三种形象，也就是说，多重人格让彼得分出了 3 个“自我”。

通过以上故事，我们容易看出造成多重人格障碍的形成因素。

研究报告证明，在 100 个多重人格障碍患者中，大约有 90 个都在儿童时期受到过严重的精神创伤，而且往往是躯体创伤和性虐待。战争或者自然灾害也能够造成人的精神创伤。还有一些人，是潜意识里为了逃避目前生活的困境，而增生出多重人格。此外，先天的遗传因素和社会因素也会对多重人格障碍产生一定的影响。

所以，当多重人格障碍患者承受不了痛苦时，会幻想“这件事不是发生在我身上”，从自己身上分裂出另一些“自己”来承担。这些分裂的人格像一个个单独的“人”，营造出不同的假想世界，以象征性的逃跑来保护脆弱的自我，防止自己濒于崩溃。

生活中经常会有人怀疑自己人格分裂，但其实真正的人格分裂非常罕见，迄今为止，见诸报道的尚不足50例。所以，我们不必因为自己有一点的不正常就认为自己是多重人格。

纯粹的多重人格是少见的，更多见的是一种多重人格倾向。这种心理障碍接近于多重人格。多重人格倾向，本质上是一种通过频繁变换人格来适应环境的心理现象。

多重人格并不影响一个人的成功

多重人格并不会妨碍一个人成为杰出的成功者。历史上的大部分艺术家、名人都具有多重人格气质和倾向，多重人格在某种情况下会带来危害，在另一种情况下又会成为一个人的优势，缔造人生的传奇。

我们先来了解一下多重人格具有的几大显著特征：

不同人格有各自的年龄层，各自的性别，各自的价值观。每一种人格都是完整的，有自己的记忆、行为、偏好，可以独立地与他人相处。

多重人格中的某些人格可以相互融合存在，也可以成为独立人格单独表现出来。在特定时间段内，至少会表现出一两个人格特征，多种人格不会存在矛盾和相互排斥的情况。

在进行人格转换时，受环境影响很大，充满戏剧色彩，常伴有失忆现象。

了解了多重人格的明显特征之后，我们就会趋利避害，扬长避短，充分发挥多重人格中的优势一面，而减少劣势人格带来的危害。例如，用自信的人格应付竞争，用脆弱的人格赢得同情，用艺术性的人格应对上层社会等。

48岁的英国单身母亲吉姆·诺贝尔从小就患上了“多重人格分裂症”，她身上最多时候曾经拥有20个不同的“人格”，后来渐渐减少并稳定在了12个左右。

后来，吉姆·诺贝尔听取一位艺术治疗师建议，开始学习绘画。令人没有想到的是，吉姆·诺贝尔体内的12个人格的分身竟然个个都是天才画家，而且每个“人格”分身的绘画风格都毫不相同，有的画风忧郁，有的画风明朗，有的擅长抽象画，甚至还有一个喜欢雕刻。

吉姆·诺贝尔的每个人格都有各自的名字，平时她经常在12个不同的“人格”之间转换角色，这12个“人格”分身都按自己的风格创作出自己的艺术品，互不影响和干扰。

在画展上，吉姆·诺贝尔展出了她体内12个“画家”创作出来的不同画作。每个“人格”画家的作品都让专业人士深感惊讶和认可。

更令人赞叹的是，英国的一场艺术竞赛破例允许吉姆·诺贝尔身上的5个“人格”代表5名参赛者一起报名参赛。如今，她身上的12名“画家”已经创作出了200多幅画风各异的作品。

有关研究表明，多重人格的每一种人格都有不同的生理和心理反应。它们往往表现出不同的性别、年龄、种族、家庭特征，有不同的智商和视力。有些人格还可相互交换意见，并合作进行各项活动。

所以，我们可以将多重人格变化出来的多个自我看成一种“影子人格”，这些影子人格围聚在主人格周围，以满足不同环境的要求。虽然这些影子人格可以自由转换，但仍离不开主人格这个主体。如果我们利用好影子人格来为主人格服务，发挥它们有益的一面和优势，接受自己的不同侧面，就可以帮助我们发挥才干、表现能力和实现成功。

我们内心深处在某种程度上都有多重人格的潜质，关键是如何让这些人格的不同面和谐地相处，并且能够各行其是地发挥出各自的特色，来满足我们的愿望和需要。

多重人格障碍的催眠疗法

催眠可用于治疗多重人格障碍，但同时也可引发多重人格。因为患者在治疗过程中可能很容易会受到其他暗示，为了逃避一定痛苦而自己衍生出多个“我”。

运用催眠治疗多重人格障碍，要在专业的医师和催眠师治疗下进行。治疗师通过催眠患者来引出每一个人格分身，进行录像和录音，然后分析这些分身的前世今生前因后果来龙去脉，然后再分别约出每一个分身进行谈判，制定治疗的过程，最终说服每一个分身，通过整合成为最初完整的人。

催眠疗法要求安静、光线暗淡的治疗环境。患者受暗示性越强，被催眠的效果越好。催眠的方法很多，一般有催眠术催眠和药物催眠。

催眠与睡眠区别很大，睡眠中的人一般不会对外界的刺激做出反应；而被催眠的人对实施催眠者的一切言行都非常敏感，只能按其指令做各种反应，进而在大脑皮层中建立新的兴奋点，借助负诱导作用抑制原先的病态行为。

催眠术实施的三个阶段：

治疗前，向病人说明催眠的性质和要求、治疗目的和步骤，以取得病人的同意和充分合作；测试病人的受暗示性程度——催眠治疗成功与否的关键，方法大致包括嗅觉灵敏度测试、平衡功能测试、记忆力测试和视觉分辨力测试等几种，然后统计测试分数，分数越高，被催眠的可能性就越大。

治疗时，要求治疗环境光线暗淡、安静、温度适中；患者选择舒适体位、调整呼吸、放松肌肉；患者进入催眠后，暗示诱导病人暴露压抑在内心的情感冲突记忆，然后进行疏导。一般催眠治疗多采用间接法：令病人凝视或倾听催眠物，同时对治疗者给予言语暗示，用单调、低沉、肯定、柔和的言语反复暗示，使患者进入催眠状态。催眠状态的深度一般分为三等：轻度、中度和深度。

治疗结束时，实施催眠者要向患者明确指出，这次治疗已取得疗效，并嘱咐患者照此锻炼。治疗初期，每周进行 2~3 次，以后每周 1 次，一般不超过 10 次，每次治疗结束时，用言语暗示病人继续睡下去，后转入自然睡眠。解除催眠状态不宜过于急促，最好慢慢地让病人醒来。

据有经验的催眠治疗家统计，人群中能进入催眠状态的占 70%~90%，仅有 25%的人能达到深度催眠。催眠疗法的实施是一件严肃的事情，选择病人要严格，一般须由受过训练的精神科医师或心理学家进行。

五
你究竟是怎样的一个人：
性格心理学

【本章关键词】

性格 菲尔测试 气质 九型人格

四种典型气质类型的人面对“看戏迟到”的不同反应：

多血质戏迷：“直接从剧院入口进去是行不通的，检票员不会放我进去，从后门偷偷溜进去是个不错的主意，再找一个合适的地方看戏。”

黏液质戏迷：“太郁闷了，又晚点了，不过反正第一场戏也不大精彩，先到小卖部待会儿，等幕间休息时再进去吧。”

抑郁质戏迷：“真倒霉，好容易有空出来看一次戏，没想到迟到了！”(垂头丧气地掉头回去)

胆汁质戏迷：“让我进去，快让我进去，我没迟到，还有1分钟，是你们这儿的表走得太快了！”(冲过检票口径直走到座位上)

性格的秘密

性格指一个人的性情品格。心理学家认为，性格是个人对现实的稳定的态度和习惯化了的行为方式，是人的心理的个别差异的重要方面。人的个性差异首先表现在性格上，就像恩格斯说的："刻画一个人物不仅应表现他做什么，而且应表现他怎样做。""做什么"和"怎么做"其实就是一个人的性格写照。

当我们对一个人的性格有了比较深切的了解后，就可以预测到这个人在一定的情境中将会"做什么"和"怎样做"。如有必要，我们就可以制定对应策略。例如，你是一个领导，你就可以根据下属的性格制定不同的管理方法和给予不同的工作任务。

一个人的性格具有以下结构特征：

1.理智特征

性格的理智特征是指人在感知、记忆、想象、思维等认知过程中表现出来的认知特点和风格的个体差异。例如，有的人对客观世界主动观察，有的被动观察，有的思维细腻，有的思维简单等。

2.情感特征

性格的情感特征是指人在情感活动的强度、稳定性、持续性等方面表现出来的个体差异。例如，有的人特别容易激动，有的人则和石佛一般，有的人情感真挚，有的则十分冷漠等。

3.态度特征

性格的态度特征，是指人对客观事实的稳固态度的个体差异。主要有三种：

对社会、集体和他人的态度特征，如爱国与不爱国、爱集体与不爱集体、待人真诚与虚伪等；对学习、工作和生活的态度特征，如努力与懒惰、认真与马虎、节约与浪费、热爱生活与悲观厌世等；对自己的态度特征，如谦虚与骄傲、自尊与自贱、自信与自卑等。

4.意志特征

指人对自我行为的控制水平、目标明确度以及在长期工作和紧急情况下表现出来的个体差异。

性格特征通过日常生活中的态度及行为体现出来。例如，一个人在待人处世时总是表现出高度的原则性、热情奔放、豪爽无拘、坚毅果断、深谋远虑、见义勇为，那么这些表现就说明了他的性格。只要稍稍注意一下我们周围的人，我们就能对他们的行为方式和生活态度及性格特征有个大致的把握。对社会问题的看法，是激进的，还是保守的？生活态度上，是乐观的，还是消极悲观的？在对待金钱方面，是大方还是吝啬？在处理生活事务时，是偏颇的，还是正义的？在与他人交往时，是自卑的，还是优越感十足的……都无不体现着一个人的性格。

性格是可以塑造的。如何培养一个良好的性格？这离不开家庭、学校、社会以及个人四个方面的力量。

家庭是一个人性格最初形成的主要决定力量。家庭浓缩着各种社会道德观念。社会环境对儿童性格形成的影响首先是通过家庭发生的。具体说来，主要是通过家庭中人与人之间的关系、儿童在家庭中所处的地位及家庭成员的言行举止对儿童的影响实现的。

学校教育对人的性格具有重要的塑造作用。在一个学校班集体里面，教师的性格、行为和班集体的风气对学生性格的形成具有重要的影响。整个学校的风气也会潜移默化地影响学生性格的形成。

社会信息影响人的性格形成。通过直接观察或别人间接传授的社会信息，会影响人的性格形成。影视节目、书刊或现实中的英雄榜样或模范人物，能够对个人的性格发展起到引导作用和榜样的力量。

性格的形成与发展离不开个人的自我培养。每个人都可以在一定程度上自我塑造性格。一个人在形成世界观之后，能根据世界观来调节自身的行为，调控性格。他们力求了解自己在性格上的优缺点，主动寻找榜样、确定理想，并制订相关的行动计划，有意识地塑造自己的性格。

认识自己的性格

歌德说过："人人都有惊人的潜力，要相信自己的力量与青春，要不断地告诉自己，万事全仰赖我。"你是外向活泼的、开朗乐观的、坦率的、勤奋的、稳重的、坚毅的，还是内向的、封闭的、自卑的、懒惰的、虚荣的、偏执的、浮躁的、狭隘的、贪婪的、怯懦的、多疑的？无论哪种性格，不要惧怕，你能够克服！

下面是著名的性格菲尔测试。它是美国知名心理学博士菲尔在著名黑人女主持奥普拉的节目里做的一项测试。依照你目前的实际情况，来认识一下自己的性格，不要太过自信，仔细找找性格中的缺陷吧！

1.你何时感觉最好？（　）

A.早晨　B.下午及傍晚　C.夜里

2.你走路时是：（　）

A.大步快走　B.小步快走　C.仰着头慢走　D.低着头慢走　E.很慢地散步

3.和人说话时，你（　）

A.手臂交叠地站着

B.双手紧握着

C.一只手或两手放在臀部

D.碰着或推着与你说话的人

E.玩着你的耳朵、摸着你的下巴或用手整理头发

4.坐着休息时，你的（ ）

A.两膝盖并拢　B.两腿交叉

C.两腿伸直　D.一条腿蜷在身下

5.碰到你感到发笑的事时，你的反应是（ ）

A.一个人欣赏地大笑　B.笑着，但不大声

C.轻声咯咯地笑　D.羞怯地微笑

6.当你去一个派对或社交场合时，你（ ）

A.很大声地入场以引起注意

B.安静地入场，找你认识的人

C.非常安静地入场，尽量不被注意

7.当你非常专心工作时，有人打断你，你会（ ）

A.欢迎他　B.感到非常恼怒　C.在以上两极端之间

8.下列颜色中，你最喜欢哪一种颜色？（ ）

A.红或橘色　B.黑色　C.黄或浅蓝色　D.绿色

E.深蓝或紫色　F.白色　G.棕或灰色

9.临入睡的前几分钟，你在床上的姿势是（ ）

A.仰躺，伸直　B.俯躺，伸直　C.侧躺，微蜷

D.头睡在一只手臂上　E.被盖过头

10.你经常梦到你在（ ）

A.落下　B.打架或挣扎　C.找东西或人

D.飞或漂浮　　　　E.你平常不做梦　　　　F.你的梦都是愉快的

【分数分配】

1.（A）2（B）4（C）6

2.（A）6（B）4（C）7（D）2（E）1

3.（A）4（B）2（C）5（D）7（E）6

4.（A）4（B）6（C）2（D）1

5.（A）6（B）4（C）3（D）5

6.（A）6（B）4（C）2

7.（A）6（B）2（C）4

8.（A）6（B）7（C）5（D）4（E）3（F）2（G）1

9.（A）7（B）6（C）4（D）2（E）1

10.（A）4（B）2（C）3（D）5（E）6（F）1

【得分分析】

（1）低于21分：内向的悲观者

人们认为你是一个害羞的、神经质的、优柔寡断的人，是需要人照顾、永远要别人为你做决定、不想与任何事或任何人有关的人。他们认为你是一个杞人忧天者，一个永远会看到不存在的问题的人。有些人认为你令人乏味，只有那些深知你的人知道你不是这样的人。

（2）21~30分：缺乏信心的挑剔者

你的朋友认为你勤勉刻苦、很挑剔。他们认为你是一个谨慎的、十分小心的人，一个缓慢而稳定辛勤工作的人。如果你做任何冲动的事或无准备的事，你会令他们大吃一惊。他们认为你会从各个角度仔细地检查一切之后仍经常决定不做。他们认为你的这种反应一部分是因为你小心的天性所引起的。

（3）31~40分：以牙还牙的自我保护者

别人认为你是一个明智、谨慎、注重实效的人，也认为你是一个伶俐、有天赋有才干且谦虚的人。你不会很快、很容易和人成为朋友，但却是一个对朋友非常忠诚的人，同时要求朋友对你也有忠诚的回报。那些真正有机会了解你的人会知道要动摇你对朋友的信任是很难的，但相等的，一旦这信任被破坏，会使你很难过。

(4) 41~50 分：平衡的中庸者

别人认为你是一个有活力的、有魅力的、好玩的、讲究实际而永远有趣的人；你经常是群众注意力的焦点，但你是一个足够平衡的人，不至于因此而昏了头。他们也认为你亲切、和蔼、体贴、能谅解人；一个永远会使人高兴起来并会帮助别人的人。

(5) 51~60 分：吸引人的冒险家

别人认为你具有令人兴奋的、高度活泼的、相当易冲动的个性；你是一个天生的领袖、一个做决定会很快的人，虽然你的决定不总是对的。他们认为你是大胆的和冒险的，会愿意试做任何事至少一次；是一个愿意尝试而欣赏冒险的人。因为你散发的魅力，他们喜欢跟你在一起。

(6) 60 分以上：傲慢的孤独者

别人认为对你必须“小心处理”。在别人的眼中，你是自负的、以自我为中心的、是极端有支配欲、统治欲的。别人可能钦佩你，希望能多像你一点，但不会永远相信你，会对与你进行更深入的交往有所踟蹰。

我们的性格各不相同，但没有谁的性格绝对优越，也没有谁的性格绝对一无是处。同一种性格特征，从不同的角度看，会有不同的利弊，关键是你如何去发挥性格的优势。例如，你的性格可能是孤僻偏执的，因此你的朋友会很少，生活乏味，没有快乐，但你却可能会超乎寻常地专心研究某个科学问题或刻苦工作，从而在事业上更易成功。

性格与心理

一只公鸡早晨起来报晓，声音嘹亮。天亮后，它被主人捉来杀了。

第二天，又有一只公鸡早晨起来报晓。天亮后，又被主人捉来杀了。

邻居感到很疑惑，问道：“这些公鸡每天报晓都挺准时的，你为什么要杀它们?”

那人说：“早晨我喜欢晚起，它们叫得太早了。”

邻居说：“这不是它们的过错，公鸡报晓是天生的，你难道不能用另外一种方式来解决问题吗?”

“这个很难，”那人说，“我曾想割掉它们的嗓子，后来又想扎上它们的嘴，可这样太麻烦，而杀掉它们却很省事。”

“那你为什么不改变一下睡觉的习惯呢?”邻居疑惑地问。

“改变我的生活习惯，这怎么可能呢！我是主人，它们应该按照我的要求做。”那人说。

于是那人一直保持着杀鸡的习惯。

公鸡很可悲，竟然遇到了一个愚蠢的主人；这个主人更可悲，因为他总期待外在事物都能按自己的需求而改变，愚蠢而不自知。

在生活中，我们常会遇到一些挫折与麻烦。如何解决，用什么样的方式去对待，都取决于每一个人的性格。

生活中的诸多矛盾和冲突皆源于我们的性格。性格直接影响着一个人的行为方式和生活习惯等众多方面，因而我们在决定自己要做什么，和怎样去做的时候，首先要去认识自己的性格。

心理学对性格的定义是这样的：性格是人对现实的态度和行为方式中比较稳定而具有核心意义的个性心理特征。

例如，一个人有着忠诚的信仰，认真学习，踏实工作，待人真诚热情，和蔼可亲，对待自己始终谦虚谨慎。这种对事业、对学习、对朋友和对自己所表现出来的稳定的态度和相应的行为方式，就构成了这个人的性格特征。

由此可见，性格最主要的特征之一是具有稳定性。一些偶尔表现出来的态度和行为不能构成其性格特征。例如，一个勇敢的人在某些情况下可能会表现出犹豫和震惊，但不能因此就说他是一个性格懦弱者。而一个总是畏首畏尾的人，在激怒的情况下做出冒失的举动，也不能因此就说他是个勇敢的人。

一个人的性格会对其个性心理特征，如兴趣、能力、气质等方面，有着核心作用和影响。性格会左右一个人的兴趣发展方向，制约其能力水平。我们也可以从一个人的性格中大致判断出他是哪一气质类型的人。

虽然性格具有稳定性，但并非一成不变。实际上，一个人的性格总是在社会实践中通过自我调整并发展改造，在家庭、学校及社会的影响下逐渐形成。因此，性格具有可塑性。

晓晶是一位22岁的漂亮女孩，正在读大三。晓晶最近很苦恼，绝大部分苦恼来自人际关系。

准确地说，晓晶的人际关系问题，恰恰在于其几乎没有人际关系。例如，她的宿舍里一共有六个女生，刚来的时候大家互不相识，个个奉行“等距离外交”政策。时过不久，另外的五个女生就扎成了堆儿，晓晶成为了孤家寡人。经常的情形是，那五个女生一起去上自习、逛街、看电影，晓晶则一个人待在宿舍里。那五个女生不是有意拒绝晓晶，而是忘记了她、忽略了她，仿佛她是寝室里可有可无的人。

韦老师注意到了这一情况，决定与晓晶进行一次谈话。在谈话的过程中，晓晶眼睛不看韦老师，就那样一字一句地说着，仿佛是对着墙壁说话，也好像她的心理咨询老师如空气似的。由此，韦老师就断定：这个女孩正处在严重的心理危机之中。

韦老师根据掌握的情况，决定对晓晶进行心理引导，以期达到性格塑造的目的。

韦老师对晓晶的咨询原则是：不要忽略她、忘记她，而要重视她、记住她。在咨询的过程中尽可能认真地听晓晶说话；在手机上设置闹钟，闹钟在晓晶咨询前一小时响起；长假期间保持一周两次电话联系；等等。总之，要让晓晶感觉到，这个世界上有一个人重视她、记得她，她也有一个人可以记住和想念。

在最后一次咨询中，晓晶告诉韦老师，她暗恋上一个男孩。韦老师听了很高兴，因为，一个人心里能够装着另一个人和已经装了另一个人，那说明在她的心里并非冷漠无情，而是有爱、有热情的。她默默地祝福晓晶。

从此，晓晶变得快乐起来，逐渐展开了人际交往。

有句话说得好，性格决定命运。性格的力量是强大的，可以改变生活，决定着我们的事业前程与生活质量。良好的性格将使我们终身受益。

性格与气质

性格比气质容易被人们认识和把握，有更大的可塑性。例如通过教育、培养，可以使一个人从缺乏责任心变得责任心很强，从胆小怯懦变得非常勇敢，从心胸狭窄变得胸怀宽阔……

性格受社会标准和规范的束缚，而气质则不受束缚。生活中，我们通常都用一些公共标准去评判别人的行为及态度，评价别人性格的好坏，进而体现出不同的情感反应。例如，我们喜欢那些热情、诚恳、有干劲、易于合作、责任心强的人，不喜欢那些冷漠、伪善、孤僻、不负责任的人。气质则不受这些评判标准的限制，具有不同气质类型的人也不会承受来自他人评价的压力。

性格与气质又是密切联系的。人的性格通常都会受到其气质类型的制约。例如，胆汁质气质类型的人通常具有易冲动、攻击性明显、凭感情办事、工作精力充沛、认真负责、缺乏耐性等性格特点；多血质的人在生活中则表现出乐观开朗、对人亲切、干劲足、吃苦耐劳、易感情用事等性格特点。

以下是四大气质类型的性格表现：

1.多血质

快乐、好动，这类人情感和行为动作发生得快，变化得也快，总体上较为温和。

代表人物：《武林外传》中的白展堂，《红楼梦》中的王熙凤。

2.黏液质

缺乏情感、行动迟缓，这类人情感和行为动作进行得迟缓、稳定、缺乏灵活性；情绪不易发生，也不易外露，遇到不愉快的事也不动声色。

代表人物：《武林外传》中的佟香玉，《三国演义》中的曹操。

3.抑郁质

悲伤、易多愁善感，这类人情感和行为动作进行得都相当缓慢，柔弱；容易产生情感，而且体验相当深刻，隐而不露。

代表人物：《武林外传》中的吕轻侯，《红楼梦》中的林黛玉。

4.胆汁质

易激怒、易兴奋、性情开朗、热情坦率，情感和行为动作发生得迅速而且强烈。

代表人物：《武林外传》中的郭芙蓉，《三国演义》中的张飞。

苏联心理学家曾巧妙设计了一项实验：四种典型气质类型的人面对“看戏迟到”的特定情境，他们会有什么样的不同反应。研究结果发现，当看戏迟到时，四种气质类型的人做出如下反应。

多血质：知道检票员不会放他进去的，他也不与检票员发生争吵，而是悄悄跑到楼上另寻一个合适的地方看戏剧表演。

黏液质：看到检票员不让他从检票口进去，心想反正第一场戏也不大精彩，先暂且到小卖部待会儿，等幕间休息时再进去。

抑郁质：遇此情况便觉得自己不走运，偶尔来看一次戏就这样倒霉，结果垂头丧气地回家了。

胆汁质：会与检票员吵得面红耳赤，甚至企图推开检票员，冲过检票口，径直跑到自己的座位上去，还埋怨说戏院时钟走得太快了。

在现实生活中，并不是每个人的气质都能归入某一气质类型。除少数人具有某种气质类型的典型特征之外，大多数人都偏于中间型或混合型，也就是说，他们较多地具有某一类型的特点，同时又具有其他气质类型的一些特点。

九型人格——性格型态学

九型性格的基本架构型人格，又名性格型态学。它是一种精妙的性格分析工具，能够为个人修养与自我提升、历练提供深入的洞察力。

九型性格揭示了我们内在最深层的价值观和注意力焦点，不受表面的外在行为的变化所影响，可以让我们认识自己的个性，从而完全接纳自己，帮助赢得机遇和成功，获得融洽和谐的人际关系。

九型人格是有关性格分析和心理学理论中最典型的一个。依据九型人格，把人格气质分为以下九种：

1.完美型

这一类型倾向于完美主义，对自己与他人都有较高的要求，追求不断进步，追求崇高的理想。

代表人物：张艺谋、撒切尔夫人。

特征：原则性、不易妥协、常说“应该”及“不应该”、黑白分明、对自己和别人要求高、追求完美、不断改进、感情世界薄弱；希望把每件事都做得尽善尽美，希望自己或是这个世界都更进步。时时刻刻反省自己是否犯错，也会纠正别人的错。

典型的完美主义者，因为事事追求完美，很少讲出赞美之词，大多数喜欢批评，无论是对自己，或是对身边的人。因为对自己的超高标准，给自己造成很大压力，很难放松。

常有愤怒、不满的感觉都是完美型的情绪特征。这种情绪不单是对自己，还有对周围的环境和人。

2.助人型

这一类型倾向于乐于助人，富有同情心，要求获得他人的好感与认同，愿意满足他人的需要。

代表人物：雷锋、麦当娜、周华健。

特征：渴望别人的爱或良好关系，甘愿迁就他人、以人为本，要别人觉得需要自己；常忽略自己；很在意别人的感情和需要，十分热心；愿意付出爱给别人，看到别人满足地接受自己的爱，才会觉得自己活得有价值。

温和友善、随和、绝不直接表达需要，婉转含蓄，甘当好好先生或小姐。慷慨大方、乐善好施。虽然他们对别人的需要很敏锐，但却常常忽略了自己的需要。对助人型人来说，满足别人的需要比满足自己的需要更重要。

3.成就型

这一类型倾向于追求成就感，乐于接受竞争，希望通过自己的行动和成就来获得他人的肯定。

代表人物：克林顿、李小龙、里根。

特征：强烈的好胜心，喜欢权威，常与别人比较，以成就衡量自己的价值高低，注重形象，工作狂，惧怕表达内心感受；希望能够得到大家的肯定；是个野心家，不断地追求有效，希望与众不同，受到别人的注目、羡慕，成为众人的焦点。

自信、活力充沛、风趣幽默、满有把握、处世圆滑、积极进取；喜欢接受挑战，会把自己的价值与成就连成一线，全心全意去追求一个目标。成就型相信天下没有不可能的事，适宜做带领人。

成就型人有一点点的自恋、自我膨胀，所以他们都会把自己最好的一面给人看。

4.自我型

这一类型倾向于追求独特，悲情浪漫主义，性格敏感，具有艺术气质，热衷于美的事物。

代表人物：雪莱、李云迪、亚里士多德。

特征：情绪化，追求浪漫，惧怕被人拒绝，我行我素；爱讲不开心的事，易忧郁、妒忌，生活追寻感觉好；很珍惜自己的爱和情感，并用最美、最特殊的方式来表达。自我型喜欢不断地自我察觉、反省以及自我探索；倾向追求不寻常、艺术性而富有意义的事物、多幻想，认为死亡、苦难、悲剧才是极具价值和真实的生命，对美感的敏锐度高；极具创造力。

自我型是艺术家的性格，会常沉醉于自己的想象世界里。跟身边人比较，会觉得自己不同。

5.思考型

这一类型倾向于追求知识，喜欢思考分析，条理分明、爱观察，生活不追求享受。

代表人物：爱因斯坦、比尔·盖茨、李嘉诚。

特征：冷眼看世界，抽离情感，喜欢思考，对物质生活要求不高；喜欢精神生活，不善表达内心感受；想借由获取更多的知识来了解环境，面对周遭的事物，他们想找出事情的脉络与原理，作为行动的准则。

温文儒雅有学问、条理分明、表达含蓄、拙于辞令、沉默内向、欠缺活力、反应缓慢，是性格特征。

思考型的人很冷静，总想跟身边的人和事保持一段距离，先做旁观者，后才投入参与。另外，需要充分的私人空间，否则会觉得很焦虑；对知识非常热爱，有成为专家的很大机遇。

6.忠诚型

这一类型倾向于忠心，做事小心谨慎，常用怀疑的眼光看待一切，愿意自我牺牲，而且忠诚。

代表人物：罗斯福、曹操。

特征：做事小心谨慎，不轻易相信别人，多疑虑；喜欢群体生活，为别人做事尽心尽力，不喜欢受人注视；安于现状，不喜欢换新环境；既相信权威又反权威，性格充满矛盾；团体意识很强，忠诚务实、警觉机智、遵守纪律。

安全感对忠诚型很重要，因为当遇到新的人和事，都会令他们产生恐惧、不安的感觉。基于这种恐惧不安，凡事都会做最坏打算。

7.欢乐型

这一类型倾向于追求快乐，像孩子一样天真，多才多艺，乐观，精力充沛。

代表人物：梭罗、曾志伟、迪士尼。

特征：乐观活泼，追求新鲜感和潮流，不喜欢承受压力和被束缚、被控制，害怕负面情绪；享乐主义者，渴望比较享受的生活，总是不断地寻找快乐。

欢乐型人热心、活力旺盛、多才多艺、喜好玩乐，常以嬉笑怒骂的方式对人对事；喜欢制造开心，开心是他们的生活哲学。

8.领袖型

这一类型人具有很强的保护能力，积极好斗，喜欢挑战，不拘小节，独立自主，绝对的行动派。

代表人物：邓小平、叶利钦、毕加索。

特征：追求权力，讲求实力，喜欢做大事，是绝对的行动派，碰到问题马上采取行动去解决；独立自主，依照自己的能力做事，不靠他人；公平、正义，挺身而出。

领袖型人好胜心强，具攻击性、以自我为中心；轻视懦弱、尊重强人；喜欢命令，说话大声有威严，容易冲动；豪爽、不拘小节；清楚自己的目标，并努力前进；不愿被人控制，具有一定的支配力指挥他人。

9.和平型

这一类型人倾向于追求和平，考虑各方面观点，为人亲切，不会直接发脾气，避开冲突与紧张。

代表人物：老子、艾森豪威尔、甘地。

特征：难于拒绝他人，不懂得宣泄愤怒；温和友善，做事缓慢，易懒惰，忍耐力强、随和；注意力集中在细节、次要的事，对大多数事物没有多大的兴趣，不喜欢被人支配。

和平型人善做和平使者，善解人意，爱调和。容易了解别人，却不清楚自己想要什么；优柔寡断，缺少主见，宁愿做一个很好的支持者。与世无争，渴望人人能和平共处，很怕引起冲突，怕羞、怕事，不自夸、不爱出风头，个性淡泊，追求平稳、平静。

六

不这样做我就受不了：

形形色色的“癖瘾”症

【本章关键词】

恋物癖 异装癖 恋童癖 恋尸癖 窥阴癖 暴露癖 摩擦癖 慕残癖 上瘾症 恋母情结 厌恶疗法

一名韩国男人和一个卡通枕头相爱并结婚。这名男子平常痴迷贴有动漫人物照片的大枕头，他的箱子里有许多各种各样的动漫人物抱枕，最终他选择了一个自己最喜欢的抱枕结婚，他还给自己的“枕头新娘”设计了一套非常漂亮的婚纱。

一名印度女子爱上了一条眼镜蛇，并和它结婚，她们还像人类结婚那样举行了盛大的婚宴，参加婚礼的宾客超过2000人。

看到如此情景，你还为收藏了500双鞋子或玩具娃娃而认为自己是恋物癖患者吗？

上瘾症：强迫性渴求

上瘾症是一种什么样的疾病？心理学家称，上瘾症是指带有强制性的渴求，追求与不间断地使用某种物质，或从事某种活动，以取得特定的心理效应的一种行为障碍。

如今，玩手机、吸烟、喝酒、网游都有可能让不同年龄的人上瘾。他们会在生活和工作中依赖这些物质，甚至达到难以自控、无法自拔的地步。通过依赖这些物质，他们会从中得到快乐，会觉得可以忘记一切痛苦和烦恼。

上瘾症背后其实隐藏着很多心理问题，如焦虑、抑郁、不自信、人际关系的压力、过去遭受的精神创伤等。经研究表明，有酒瘾的人并不是单纯地喜欢酒的味道，而是把喝酒当作释放压力的手段，依托它来逃避现实中的问题。

1.酒瘾

酒精是一种成瘾物质，有的人在体验饮酒的初期感到心情愉快，酒后变得喜欢交往，通过喝酒还能够缓解紧张、焦虑、苦闷、疲劳等不良症状。有的人每天都必须喝酒，不喝酒就难受。随着饮酒量的增加和饮酒时间的延长，这样就会渐渐嗜酒成癖。

当然，喝酒过多会影响身体健康，例如酒精会刺激肝、中枢神经系统等。如果是酒后驾车，还会造成社会问题。长期患有酒瘾的人，在精神上也常出现失眠、焦躁、抑郁、失忆，甚至出现幻觉等症状。

2.购物狂

29岁的珊珊平常最喜欢逛街购物了，而每当谈到购物心得，她都会得意地说：“我能挣会花，每个月的薪水几乎一大半都被我用在买衣服上，有时自己也觉得过分！几乎每两周我都会花上整整一天来购物。我要当一个真正的时尚达人，把新款和旧款混搭出最酷的感觉，逛ZARA店、ELLE店，总能让我在第一时间发现最新潮流搭配，以及自己想要的东西，然后直接冲向这些店，根本等不及换季折扣。我的衣橱每年都要经过一次大扫除，把原来的那些衣服通通送去二手店。”

逛街购物是我们日常生活中的需要，但是如果没有购买目的而乱购、无止境地购，就是典型的购物狂了。尤其在各大商场掀起打折狂潮的时候，更容易诱惑人们去疯狂购物。

有一些女人在不开心、生气、郁闷的时候，也爱疯狂购物。最新研究发现，女性在生理期间也容易疯狂购物。

如今消费到处都是便捷的银行卡、信用卡、购物卡、优惠卡、积分券等，更加促使人们满足大购特购的欲望。

其实，过分地热衷购物也是一种心理问题。主要是一些精神孤独、身心受损的人，会通过疯狂采购的方式来填补心灵的空虚。当人们缺乏健康的压力宣泄渠道时，购物往往就成了她们平衡情绪、舒缓压力与宣泄情绪的最佳方式。再有是虚荣心理和从众心理。时尚、流行等元素决定了许多商品的更新速度越来越快，消费者受到各种各样的关于“奢侈消费”、“名牌消费”观念的潜移默化的影响，加之人所共有的从众心理，更容易在购物中欲罢不能。

购物狂分两种，一种是心情不好拼命买东西发泄自己情绪，还有一种是储存状态，买了很多外表好看却不实用的东西。

心理医生认为，虽然不少购物者感到“购物确实能带来快乐”，但无论是释放压力、消磨时间还是排遣寂寞，消费购物都不是根本办法，建立可信赖的人际关系，拓展视野，将不必要的消费转为公益性的投入，所获得的心理满足感将更加积极和长久。

心理学上有一个规律，先改变人的行为，随后他的认知也会做出相应调整。例如，可以用运动来代替购物，使之向健康的、有节奏的生活方式转变。

不少心理医生认为有必要提醒公众警惕这种心理偏差，患有此症状的女性所热衷购买的物品，多数与自己的外型装饰有关，如服装、鞋袜、化妆品、金银珠宝首饰等。她们重视购物过程远远超过购物结果。

如何控制你的购物欲望？心理医生建议，改变购物模式，从行为上逐渐控制自己的购物欲，可以达到良好的效果。例如，购物之前养成“做计划”的习惯，列出自己需要的物品，养成记账的习惯，减少盲目支出。

有的人不仅高消费，消费时还会情绪过分高涨，不合理消费次数不断增加，这样的“购物狂”很可能有抑郁或者躁狂的倾向，需要进行专业的心理治疗。

要纠正过于强烈的购物欲望，则需要加强心理素质培养，力求保持平常的心态，使这种心理疾患得以减轻或消除。

3.网瘾

2005年的一天，年仅16岁的少年彬彬服用了农药之后经抢救无效，离开了这个世界。彬彬为什么要结束自己的生命？经调查，网络游戏是导致彬彬自杀的罪魁祸首。

彬彬平时喜欢玩网游，有一次他连续在网吧里奋战了11天，而这一次竟发生了如此惨剧。据网吧里的人说，当彬彬来到网吧的时候，他的精神就已经有些异常了。

在抢救的过程中，彬彬向父母递上了一份遗书：为了打网络游戏而不被父母找到，就选择了一处非常偏远的网吧。在前两天，他一天只吃一袋方便面，后来三天吃一袋方便面，晚上也不睡觉，照样玩网游，实在困极了就直接歪倒在椅子上打个盹儿。在纸上，他这样写道：“爸爸我喝的这农药有剧毒。我喝就是想让你们救不活我。我管不住自己，我就是想玩，不想对不起爸爸妈妈，可就是控制不住自己，夜里心里老是想着游戏，睡不着。”彬彬在死前嘴里还在嘟囔：“妖怪，杀光！杀光！”

适当地玩网游可以锻炼大脑，但如果是沉迷网络，就会荒废学业，甚至走上违法犯罪的道路。过分地沉迷网络不但导致体力透支，严重影响工作和学习，甚至会危及生命。

4.手机控

26岁的张璇是一家对外贸易公司的公关部经理。因为工作关系，她有时半夜也要为客户接机或随时安排应酬，手机24小时开着，使用频率非常高。“手机电池本来能用3天，可我每天得换一次，我把全身心都奉献给了工作，不断打进打出的电话让我感觉生活很充实。”她说。

忙了一段时间后，最近业务量骤减，张璇的电话寥寥，原来暗自庆幸能睡个安稳觉的她却感到极不适应，反倒开始失眠、坐立不安。在别人的手机铃声响起时，她会条件反射地拿起自己的手机。有时候半夜也好像听到手机铃声被惊醒，反反复复，睡不好觉。最后实在没有办法忍受，只好去找心理诊所的李医生。李医生在了解了她的情况后，认为张璇患上了“手机依赖症”。

解决上瘾症，最需要调整心态。积极与人交谈，多读书、看报，通过自我约束逐渐减少对物质的依赖性，尽量将生活的重心转移到现实生活中来。多参加一些有益身心的活动，如听音乐、外出散步、郊游、健身等。如果上瘾症过于严重，就要去看心理医生。

恋物癖：病态的收藏嗜好

王林出生在一个并不富裕的农民家庭。父亲嗜酒如命、性格粗鲁、脾气暴躁，常常与王林母亲争吵，动不动就上演家庭暴力。夫妻俩平时很少照顾王林。在这样的环境下，王林自幼养成了胆小畏缩、执拗、内向的性格。

6 岁的时候其父母离异，王林跟着母亲一起过。母亲为了生活外出打工，王林就和爷爷奶奶生活在一起。平时王林总是和女孩一起玩耍，并由于其少年老成的关心体贴常博得女孩的好感。12 岁时，一次偶然的机会他看到堂姐放在床上的内衣，当时就产生了强烈的好奇心和性冲动。此后常回想此情景，并伴有手淫。

15 岁时，母亲将他接到自己身边。就是在那一年，王林开始“收集”女性的内衣，每次“收集”的时候，他都伴有强烈的性兴奋；在夜深人静的时候，还会把“收集”的内衣拿出来反复地抚摸和嗅闻，觉得很舒服，身体也很放松。一次母亲在整理房间的时候，发现了王林“收集”来的很多内衣，就问王林是哪里来的。在母亲的严厉训斥下，王林承认了错误，并保证以后再也不会有这样的“流氓行为”。但每当欲念发作或看到晾在外面的女性衣物时，他又身不由己，不能自制。

案例中的王林，专门热心于异性的贴身物品，通过采取各种手段，甚至不惜牺牲自己的名誉去行窃来获得他想要的物品，并从这些物品上得到性心理满足，这实在是难以启齿的尴尬行为。

还有一个故事：

一位女士刚和丈夫新婚不久，一天，她的丈夫兴冲冲地拿回一个假发套，“亲爱的，你给我戴上它！”女士戴上假发套，上面浓密乌黑的假头发让她的丈夫痴痴地凝望着，很久不愿离去。一开始，女士以为自己戴上假发套比以前更迷人了，所以引得丈夫如此欢心。可后来感觉就不是这么回事了。此后的日子里，他的丈夫不仅命令妻子吃饭的时候要戴假发套，出门的时候要戴假发套，跳舞的时候要戴假发套，甚至连睡觉、洗澡的时候都要戴着假发套！只要妻子一摘掉假发套，她在丈夫面前的魅力就会瞬间成零。没办法，开始妻子忍无可忍，可到了后来，为了不让丈夫扫兴，只好选择终日戴着假发套。而她的丈夫也只有每次抚摸又浓又密的长长的假发时，才会心满意足，非常开心。有人曾统计过，在他们的婚姻生活中，妻子一共戴过 72 个假发套。

心理学家认为，这些专门伸手于妇女日用小物品的人，和一般小偷有很大的区别，他们实质上是患上了一种性心理病态，也就是恋物癖。恋物癖是指对性爱对象的一种象征意义上的迷恋。恋物癖患者通过抚弄、嗅、咬或玩弄某种物品来获取性快感。

患这种心理病症的以男性为多，他们不是通过性接触达到性满足的目的，而是通过与异性穿戴或佩戴的物品相接触而引起性的冲动和获得性的满足。他们偷取女性穿戴的内衣、内裤、乳罩、头巾、丝袜等，加以抚摸，并收藏起来。

恋物癖患者对异性本身毫无兴趣，只是单纯地把性欲专门指向物品，至于这些物品是什么人的则无关紧要。而正常的恋物心理则与此相反，是一种

“爱屋及乌”的心理。此外，有一些恋物癖患者对所恋的事物已经达到了近乎疯狂的地步，甚至与所恋事物或物体结婚。

一名印度女子爱上了一条眼镜蛇，并和它结婚，她们还像人类结婚那样举行了盛大的婚宴。并且参加婚礼的宾客居然超过 2000 人。对此事件，当地人都很赞同，并说这场婚礼将给该地区带来好运。

一名韩国男人和一个卡通枕头相爱并结婚。这名男子平常痴迷贴有动漫人物照片的大枕头，他的箱子里有许多各种各样的动漫人物抱枕，最终他选择了一个自己最喜欢的抱枕结婚，他还给自己的“枕头新娘”设计了一套非常漂亮的婚纱。

还有美国纽约的一位 32 岁女人，她爱上了太空船模型、双子塔以及童话游乐园里的一辆列车，并与它们谈情说爱。女人甚至和列车照片一起睡觉，并认为这些东西和人一样也拥有完整的生理结构和精神系统。

54 岁的艾佳丽塔和世界上著名的柏林墙结婚。她 7 岁那年，通过电视第一次认识了柏林墙，并爱上了它。从此，她开始努力收集照片并做好了前往柏林墙旅行的准备。当她见到柏林墙后，立即在亲友面前宣布，与柏林墙结为夫妻。尽管她仍然是处女，但她声称自己和“柏林墙丈夫”生活非常美满。

其实，恋物癖只是一种习惯性的行为，恋物癖患者在偷窃恋物的前后心理也是相当复杂、矛盾重重的，没有得手之前，他们往往感到焦虑、紧张和不安，一旦得手，虽然性心理得到了满足，但常常又会因憎恨自己的这种行为而产生自责、悔恨、忧郁、痛苦、自卑等心理冲突。

恋物癖一般起自青少年时期，且大多数患者都是异性恋者，但他们大多对性生活胆怯或者性功能低下，也很少有攻击或暴力行为。恋物成瘾经过专业系统治疗后，一般都会得到纠正。

异装癖：“男扮女装”乐趣多

异性装扮癖者一般从青春发育期开始主动穿戴异性服饰。其临床表现主要是：刚开始时患者所穿内衣裤为异性服装，并且是偷偷穿戴，如男性戴胸罩、穿连袜裤等，外套仍为符合自己性别的服装；之后穿戴的异性服装逐渐增多，以致全身上下、内外都是异性服装；最后在公共场所也穿戴异性服装并佩戴异性饰物。穿戴异性服饰时有明显性兴奋感。

异性装扮癖者男女均有，但是以男性居多。这类男性大多数都是异性恋者和非易性别癖者，这类女性则几乎都是女同性恋者或易性别癖者。

异装癖患者一般在5~14岁之间开始萌生异装兴趣，到了青春期就产生与异性装束有关的色情幻想。开始时一般在自己房间中穿异性服装，通过镜子自我欣赏。以后逐渐频繁起来，出现在公众场合，或穿异性服装入睡；先是部分异装，偶尔穿一两样女性服装，以后逐渐增加异性衣饰的件数直至全部使用异性装束。他们穿着异性服装时大多会体验到平静和舒适感，有的还有一种文雅和美丽的感觉。如果不穿或被制止穿异性服装时，则会引起强烈的紧张不安的情绪。患者在穿异性服装后能引起性兴奋，最初是手淫时穿，以后则是性交时穿。多数患者结婚后，与妻子有性爱，少数患者后来转换成易性癖患者。

患者在幼年时本身性别受到环境的影响，如父母本来想要个女孩，却偏偏生了个男孩，或者相反。为了填补心理上的缺憾，便把孩子打扮成异性并给予更多更大的关注和爱抚。有些父母总认为女孩子温顺听话、讲卫生，因此在日常生活中教育孩子时，总爱把男孩当女孩来对待，还常拿邻居家的女孩做榜样进行教育。也有一些家长把女孩当男孩来教育，使孩子在儿童和青少年期缺乏正常的社会交往，养成了异性化的气质性格。

有的患者对两性关系有一种惧怕和忧患的心理。异性装扮解除了患者潜意识中对性活动的忧虑情绪或罪恶感的结果。

恋童癖：一种罪恶心理

如今，“萝莉”、“大叔”之类的词已经屡见不鲜了，而对于大叔爱上小萝莉这种老夫少妻的婚配组合方式也都司空见惯了。然而，需要警惕的是，在小萝莉与大叔之间，还会存在着另一种情结，就是所谓的恋童癖。

恋童癖，顾名思义，就是爱上儿童或未成年人，它是一种性偏好，也是一种罪恶心理。恋童癖者其性欲通常部分或全部地指向青春期或未发育的儿童。它通常被视为中年男性的障碍，而很少出现在女性中。

经国内外有关恋童癖的相关报道，男孩比女孩更容易成为恋童癖的受害者。女孩我们可称为“小萝莉”，男孩则可以被称为“小正太”。

恋童癖患者最突出的表现是与儿童发生性体验，包括抚摸儿童同时进行手淫，挑逗儿童的生殖器，抚摸儿童的身体，猥亵儿童，与儿童进行性交。还有另类的亵渎行为，例如诱惑一群孩子参与到性生活中，让他们摆姿势拍色情照片。

由于儿童年幼，身体发育尚未成熟，恋童癖患者又往往动作粗暴，攻击性强，因此会给儿童造成严重的身心创伤，甚至死亡。受过恋童癖患者侵害的儿童一般会受到惊吓，不会立刻告诉家人自己的遭遇，但会表现出哭闹、不睡觉、心情孤僻、学习成绩下降等症状。

研究证明，在儿童时期经常遭到性侵犯的成年人会出现抑郁、自我毁灭、不信任他人的行为；在儿童时期遭受过性虐待的女性在成年后比其他女性更容易受到丈夫对其身体的虐待。

生活在美国的P先生就是一位恋童癖者。

有一次，他将邻居家的一个5岁的小女孩诱拐到一个水库附近。周围空寂无人，令人惶恐。来到一处空地后，突然P先生将她推倒，然后脱下了女孩的内裤，凑前闻了闻气味并且还用嘴舔了舔。

很快，P先生的这一举动被告发，被处以劳教9个月的处罚。

刑满释放后，P先生又实施了第二次罪行。这一次，他的目标是一个7岁的小男孩。

在一个夏天的晚上，男孩出门和小伙伴们玩再也没有回来。经过警方和群众配合的多方寻找和帮助，在一个深井中发现了男孩的尸体。有目击者称，他见到男孩和P先生在一起。经审讯，P先生对犯罪事实供认不讳。在审讯笔录中这样记载：“我只是想摸摸他，然后亲吻了他，当我脱下他的裤子抚摸他时，他激烈地反抗并大声叫喊，我怕被别人听到，就用手掐住了他的脖子，没想到他后来就没了呼吸了。”之后，他将孩子残忍地抛进了附近的一个深井内。

后来，在P先生的房间里，警察还搜查出了大量的色情和虐童照片。

为什么成年人会对年幼无知的儿童产生这种变态心理？恋童癖的起因又是怎样的？

1.从医学角度分析

众所周知，女人的染色体是XY，男人的染色体是YY，但有一种男人的染色体却是XYY，有人说具有这种染色体的人是天生的罪犯，犯罪的概率极高。

就如上述故事中的P先生，不停地犯罪，且不知悔改，或许就与这种“罪犯基因”有关。有XYY染色体综合征的人因为多了一条与男性有关的染色体，所以会表现出过分的男性化特征：缺少自制力，情绪控制不良，脾气多暴烈，好斗，进攻性强，有反社会行为，极容易犯罪等。这种人可以有正常或异常后代，也可能没有后代。

2.从家庭环境角度分析

事实证明，恋童癖患者在童年时期往往受过虐待，不被关心。当然，不一定童年受过虐待又缺失关爱的小孩长大后都会成为施虐者，还有很多其他因素会改变一个人的生命轨迹。

3.社会因素

除了先天因素和家庭因素外，良好的社交关系、社会的接纳和支持也是重要因素。朋友的支持、爱人的帮助、良好的学习环境和工作，以及来自社会多方面的支持和关怀等，都能够帮助一个人改变扭曲的恋童癖心理，心态变得积极阳光。

恋尸癖：令人发指的性畸恋

杰弗瑞·达莫是美国史上最臭名昭著的连环杀手之一，同时也是一个典型的恋尸癖患者。他对尸体或濒死之人的身体的性迷恋可以说是令人发指。

杰弗瑞·达莫家境富裕，他的父亲是一位药剂师。达莫的童年并没有遭受任何躯体虐待或者性虐待，但却总是逃不脱父母的争吵、打架的阴影。那时，他还小，他的母亲一边抱着他，一边和他的父亲激烈地争吵。达莫伏在母亲身上，听着她因争吵激烈而致使胸口传来的猛烈的心跳声，那种心跳声始终萦绕在他幼小的心灵里挥之不去，直到伴随他成年。

不知是否是这种家庭环境的影响所致，达莫从小就对动物和昆虫的尸体有着一种特殊的癖好。每当他把小动物或昆虫抓到手，就把头贴在它们的胸膛上听心跳的声音。他还乐于收集被车撞死的动物，然后砍掉它们的脑袋，挂在树枝上，剥去它们的皮毛，挂起来晾晒成干。

达莫在童年的时候曾创造了无数的恶作剧奇迹。例如，他 5 岁的时候，骗一个小朋友帮他从一个巢穴中拿出一只金龟子，那个小朋友就听话地把手伸进了巢穴，可是，谁知伴随而来的是一阵阵大叫和哭喊声，等到那个孩子把手从巢穴里拿出来时，上面爬满了大黄蜂。而站在一旁的达莫却无动于衷。

上小学时，他从池塘里抓了一些蝌蚪，并送给了他喜欢的一个老师。可是，他的老师不喜欢蝌蚪，把它转手送给了另一位同学。这让达莫非常气愤。他决定要惩罚那个同学，就把汽油倒在盛放蝌蚪的容器中，然后逼迫着那个同学把它喝下去。

除了以上这些，达莫的花样还多着呢。他还喜欢四处寻找流浪狗、流浪猫，然后捉住它们，用绳子捆住身体和脚，再把它们放在马路中央，看着它们被汽车碾成肉饼。

青春期的达莫开始时常手淫，并幻想能与同龄的男孩做爱。有一次，他招呼一个邻居的男孩过来与自己赤身裸体地躺在一起，然后互相亲吻和抚摸。

达莫的恋尸癖是在成年后得以充分表现的。那时，他的父母已经离婚了，缺少关爱的达莫也随之变成了一个内心冰冷的变态狂。

这一次，他杀害了一个名叫史蒂文·希克斯的人。事情是这样的：达莫在喝过酒之后开车回家，路上遇到一个人要搭他的便车，在车上，他得知这个人名叫史蒂文·希克斯。后来，达莫提出邀请希克斯到自己的豪华公寓去坐一坐，喝啤酒、吸大麻，希克斯表示同意。

在公寓里，达莫要和希克斯发生性行为，但是遭到拒绝，后来两人发生争执，达莫用杠铃砸死了希克斯。黄昏的时候，达莫把尸体肢解成块，放入塑料袋中抛进了一个小树林里。

后来，达莫听说一个青年男子死了，就跑到殡仪馆去看他的尸体，琢磨着怎样把尸体偷出来，这样不用杀人就能享受到性交的快感。

达莫并没有停止自己的恶行。他做了一个黑色的桌子，在桌子上面又盖了一座“小庙”，里面存放着被漂白或者彩绘的 13 位受害者的遗骨。此时，达莫刚满 30 岁。

不久之后，达莫被捕了。而此时已是中年的他已经变得精神恍惚了。

窥阴癖：羞于启齿的性偷窥成瘾

窥阴癖是一种反复出现或持续存在的窥视他人性活动或亲昵的行为，如千方百计地偷看妇女如厕、洗澡与性生活，并以此作为自己性兴奋的方式。其患病率未明，此类人一般为男性，年龄以 20~40 岁居多。窥阴癖患者为了达到目的，甚至可以不顾肮脏藏身于粪窟内，或在女厕所墙上挖洞，或用反光镜从男厕所一边进行窥视。

以下是一个窥阴癖者的经历。

小 G 在很小的时候就发现自己的身体是和小女孩们不同的，异性的差异让他对性有了一种朦胧的意识和好奇心。他不喜欢和小男孩们一起做游戏，踢球、玩玩具枪、捉迷藏等男孩们的游戏他一概不感兴趣，他只喜欢和小女孩一起玩“过家家”的游戏。

有一次，他正和一个小女孩在一起玩，小女孩突然想要撒尿，就跑到院子外边的墙根处。小 G 也随后跟了出去。他看到了小女孩撒尿的姿势和屁股，突然产生了一种奇怪的念头，他想伸出手去摸一摸，后来他的母亲出来把他叫了回去，才停止了念头。

回到家后，小 G 问妈妈：“为什么玛丽会蹲着尿尿?”但是他的母亲并没有理会他。一个偶然的机会，小 G 教一个小女孩站着撒尿，可是她却尿了一腿，弄湿了裤子。

渐渐地小 G 长大了，随着身体发育成熟，第二性征明显突出。他也明白了男女之间的性别差异，但是对性问题仍然好奇心不减。小 G 生性胆小，夜间不敢独自外出上厕所，就在外边先咳嗽一两声。上完厕所后，他很想知道女厕所有没有人，就偷偷溜过去伸头探望一下，如果里面没有人，他就会进去转一圈。如果遇到女厕所有人，他就趁其不注意飞快地偷看一眼。

他甚至想在男女厕所之间的墙上开个小洞，以满足自己窥视的欲望。他在很小的时候就看过小女孩的屁股，现在已经长大成人了，他还想知道如果小女孩们长大了又是什么样子的呢？就这样，好奇心让他越来越情不自禁，随着这种行为的加剧，心理上也发生了巨大变化，最后从好奇到产生冲动，以致出现了不看不行的情况。

后来，小 G 一去厕所就控制不住自己，直到自慰满足。每当他进入男厕所时，依然想着女厕所是否有人，等上完厕所出来，路过女厕所时，他总有走进去的念头，只是现在他已经是成年人了，不能轻举妄动。

到了谈恋爱的年纪，小 G 一想到自己曾经的耻辱经历就感到自卑，觉得自己很龌龊，始终没有勇气去面对自己喜爱的姑娘。

故事中的小 G 是个比较典型的窥阴癖者。之所以会有这种行为产生，跟他童年的生活环境密切相关。年幼的孩子最初尚无性意识，后来发现与女孩的身体不同，再到喜欢进出女厕所，隔洞窥视，最后到难以自控、窥阴成癖，这形成了此种行为的发展原因。

窥阴癖者一旦发展到不可自控的阶段，就会千方百计地寻找机会来满足自己，一遇到机会就不会轻易放过。

窥阴癖者的行为是令人反感的，而窥阴癖者本人也会因自己的行为而感到自责、自卑。其实，窥阴癖者要想摆脱这种性变态心理，可以保持清醒头脑，必要时寻求心理医生的帮助，接受抑制性治疗措施，就可以完全转变为正常的健康人。

暴露癖：一种扭曲的性压抑心理

一个夏日的夜晚，女孩小 C 下班回家，因为要途经一座小花园，花园里幽静漆黑，人行路两旁生长着高高大大的绿树。平时小 C 都是结伴而行，这一次她是只身一人，不知不觉地，她加快了脚步。

当她走到一半路程的时候，忽然听到右侧的树丛中有种奇怪的声音。等小C再往前走了3米左右，突然，从两棵树之间赫然跳出来一个黑影！小C当场吓了一跳，只听那个黑影说："小姑娘，小姑娘，你来看……"说着那黑影向前一步到了小C面前，噌的一下褪下裤子。

面对突然出现的露阴癖患者，女孩既震惊又害怕，更反感。

"变态！"小C在心里狠狠地骂道。

随后，小C面无表情地绕开露阴癖患者，一路上她的心脏因为紧张和厌恶而狂跳不已。

女生们遇到男露阴癖的时候该怎么办？就像故事中的小C，冷漠是最有力的回击，漠视能让露阴癖患者无法得逞。

那么，什么是露阴癖？露阴癖指通过向没有准备的陌生人暴露自己的生殖器，达到性唤起的目的。

露阴癖是最常被报警的性侵犯行为之一，这种行为如果得不到矫正，往往会让露阴癖患者走上更加严重的性犯罪道路。有研究表明，有不止10%的儿童性骚扰者和8%的强奸犯开始的时候都是露阴癖。

露阴癖通常发生在15~30岁。研究表明，大多数的露阴癖者是非常害羞、温顺、不成熟的男性，他们如果长久性压抑或者婚姻不幸福，那么露阴就是他们性满足的唯一方式。

杰克是一个著名的律师，单身，他不像其他男人那样幻想着有机会与漂亮女人上床，而是有着一个特殊的癖好。他喜欢到公交车站，然后搭上一班车周游全城，直到有一个比较漂亮的年轻女性上车。这个时候，杰克就会迅速凑上前去，甚至尾随其后。然后在汽车到达下一站停站之前，他就会在姑娘面前噌的一下脱掉裤子，亮出自己的生殖器，接着便纵身跳下车去跑掉。每当他成功一次，他的心里就极度兴奋。

在经过了几次如此特殊的表演之后，杰克觉得这种方法还不够好。因为只有当公交车上的乘客既不多也不少的情况下才能完成这种行为，而且还得保证期间有漂亮年轻的女子上车，并且是独自一人，不能有男朋友或丈夫的陪同；他要既能让周围的乘客也观赏到，也能在女子面前表现充分。所以，大多数时候杰克都是在车上等上好几个小时来寻求时机。

而且，他还要承担着被惩罚或挨揍的风险。因为他每次成功后跳下车时都会有人在身后紧紧追赶。他为了让自己更轻松无风险地得逞，决定将公交车“搬”到自己家来。就这样，他每次认识一位自己倾慕的女孩，搭讪之后就会召唤女孩来到自己家中。他把家中的其中一个房间改装成公交车的样子，然后面对着女孩脱裤子，之后再纵身从房门跳下去……

大多数情况下露阴癖患者是到公园、电影院或商店、街上、花园等一些比较容易逃跑的地方寻找目标下手，通常露阴癖患者性唤起后，他们会当场或者回到家后自然地射精或用手淫的方式达到射精。

男露阴癖们露出他们的生殖器是为了寻求心理刺激，同时也是努力让自己相信自己还具有男子的气概。虽然露阴癖患者不会对人造成身体上的伤害，但这种行为却令人厌恶，对儿童则会造成心理创伤。

除了男露阴癖患者，也有女露阴癖，男女比例为 4:1。女露阴癖裸露的方式通常和男露阴癖们很不同，她们会袒露乳房。

对于露阴癖发生的原因，一种解释是原始行为的释放。另一种解释是环境因素。例如说患者在小的时候曾不小心偷看到他们父母不同程度的裸露，包括一起睡觉、一起洗澡、性生活的过程等。

另外，每个人童年时也许都有过与异性或同性小伙伴相互抚摸外生殖器来满足好奇心的经历，而到了成年后，这些儿时荒唐的记忆就会被封存起来，或压在心底，但是当遇到重大精神创伤或者性压抑，一旦没法有效排解宣泄，便会不自觉地启动幼年时的方式来解脱和宣泄成年的烦恼，这也可以说是露阴癖行为产生的根本原因之一。

厌恶疗法是治疗露阴癖一个有效的方法。

想办法诱导露阴癖患者想象自己的露阴行为，然后用电流或者橡皮圈等刺激手腕、皮肤乃至生殖器官，又或者肌肉注射催吐药让其产生呕吐。每当露阴癖患者想象或者做出露阴行为的时候，都重复这些打击，其裸露行为和因打击而造成的厌恶情绪间便形成了条件反射，因此每一次裸露都会让其内心中感到无比难受，由于人天生就有逃避痛苦的本能，他们的裸露行为很快就会得到改善。

摩擦癖：一种令人厌恶的零距离亲密

摩擦癖指患者在拥挤的场所故意摩擦异性，甚至用性器官碰撞女性的身体，并伴有射精或者手淫来达到性的满足，是通过触摸或摩擦异性身体而获得性快感的一种性变态。

来看一个摩擦癖的例子：

20岁的小默是一名大学生，长得眉清目秀，目光温和，给人的感觉就是个很乖的好学生。可是谁能想到，这样一个带有几分羞涩的大男孩竟然患有摩擦癖。

小默是家里唯一的男孩，上面有两个姐姐。小时候，由于父母工作很忙，所以小默是跟着姐姐长大的。那时他像个跟屁虫一样，姐姐们到哪里，他跟到哪里。有时候，姐姐召唤同龄的女孩子一起玩，还拿他取乐。可是年幼的小默根本不在乎这些，常常跟着姐姐们傻跑，被围绕在女孩子堆里。有时在追逐或玩耍中，那些女孩子们会无意中碰到小默的生殖器，而小默也会蹭到她们的乳房和臀部。不知道为什么，每当小默触碰到她们柔软的身体部位时，总有一种莫名其妙的感觉。

后来，小默上初中了。有一次，他和一群同学被老师叫到办公室训话。由于空间不大，同学们都是挨得很近地站着。小默被挤到一个同班女生的背后，那个女生身体很丰满，小默发现自己的下身正紧紧地贴着她的屁股，竟然又有了一种异样的舒服感觉。后来，小默经常在很狭窄的过道或拥挤的餐厅里，假装无意地用下身触碰女生的屁股，以此来享受那种特殊的舒服。如果遇到的是位丰满的女生，他还会故意地凑上前去搭话，并且让身体靠得很近。有一次，小默梦遗了。梦里他用下身顶在了那个丰满女生的屁股上，忍不住就射了出来。

上了大学后，有一次坐公交车，因为人多，车上拥挤不堪，摩肩接踵。站在小默前面的恰好是一个年轻貌美的女孩，小默发现，自己的下身再一次贴在了女孩的屁股上！因为拥挤，女孩并没有躲避。而小默趁机往前凑了凑身体，紧紧地贴近女孩的臀部，并有一种很满足的感觉。随着汽车的加速减速颠簸晃动，小默情不自禁地有节奏地摩擦着女孩浑圆的屁股，感到极度兴奋，阴茎勃起，很快就射精，那种快感从未有过。

从那以后，小默就像着了魔一样欲罢不能，总是伺机乘坐拥挤的公共汽车或参与其他热闹集会，借机挨近女性的臀部，整天沉迷于此，不能自拔。

终于，小默的摩擦癖行为被揭穿了。有一次他由于过度兴奋，竟然把精液射到了一个女孩的衣服上，那个女孩发现后，怒骂了一句“臭流氓”，随后是一记清脆的耳光。车上的乘客明白过来后，小默感到无地自容。

摩擦癖患者通常在拥挤场合进行，如商场、电影院、公共汽车上等公共场合，也称挤恋。患者进行摩擦的部位多为异性的生殖器区，也有以手或肘及其他部位作为主要摩擦部位的，受害者被触摸摩擦的部位多为手臂、乳房、臀部、会阴部及腿部等地方。大多数情况下是隔衣进行接触摩擦。同时在摩擦行为中有性高潮出现，即射精。

有关摩擦癖发生的原因，普遍认为有以下两点：

一方面是家庭因素。许多摩擦癖患者在童年时代生活在性封闭的传统家庭环境里，有着性压抑的经历。或者生长在单亲家庭，因长辈婚姻不幸，使得患者自小性情孤僻，拒绝与女孩交往，反感性生活。

另一方面源自偶然因素。大多数摩擦癖患者在成长阶段性心理发育受阻，导致畸形性心理，通过与异性身体摩擦接触来获得性快感。

对摩擦癖患者的治疗主要采用心理治疗的方法：

1.认知领悟疗法

此种方法引导摩擦癖患者仔细回忆自己的成长过程，特别是儿童期有关性方面的经历，从中找出导致摩擦癖行为的根源，并向患者进行详细科学的分析，使患者对自己的病症有一个正确的认识，然后努力克服。一旦出现摩擦异性的欲望，要用正确的认知来支配自己。

2.支持疗法

此种方法通过心理咨询，在精神上给予摩擦癖患者关心和支持，使其树立起治愈摩擦癖的信心，以积极主动的态度重新迎接生活。

此外，对摩擦癖患者的专业治疗，可使用精神分析疗法、系统脱敏疗法、厌恶疗法、药物治疗等方法，专业药物治疗配合心理治疗，会使患者的摩擦癖行为得到改善和治愈。

慕残癖：有一种爱与众不同

20 岁的女孩小 D 平常很少接触残疾人。只是在生活中会遇到坐轮椅的邻居哥哥姐姐，或者拄双拐的残疾人，而如果说与残疾人一起聊天或者深入了解对方的生活，她一次都没有过。小 D 是个心地善良的女孩，每当她看到身体残疾的那些人生活不能自理的种种状况，心里就觉得非常难受，对他们的不幸表示同情，并佩服他们的坚强和勇气。

后来，一次偶然的网聊邂逅，小 D 认识了一位坐轮椅的男孩。从见到的那一刻起，小 D 就对男孩心生好感，并且被他灿烂的笑容所吸引。从此，小 D 开始与男孩在网上频频往来，他们一起聊天，说有趣的故事，又互相交换了电话。

女孩和轮椅男孩交往了一个月后，决定前往男孩所在的城市去看他，因为他们之前早已约定，她说要照顾他的生活一辈子，她喜欢他，要做他的女友、妻子。

男孩是因为车祸导致的截瘫，当他听说女孩的内心想法后，很腼腆地笑笑说不可能的。但是女孩仍旧坚持。有时，她自己在琢磨，怎么会爱上一个坐轮椅的人，这在以前可是从来都没有想过的事。更何况，她的家人很难接受一个残疾人女婿。

后来，女孩和轮椅男孩最终还是分手了。女孩特别伤心，对男孩念念不忘，她的脑子里整天都浮现着轮椅、一张年轻而具有阳光笑容的脸，她觉得自己再也走不出轮椅男孩的阴影了。当小 D 一个人走在街上的时候，看到哪里有残障人的标记，就会不由自主地想起男孩。

几年过去了，亲朋好友给小 D 介绍男朋友，小 D 竟然对他们一个也不感兴趣，可以说对身体健全的男人完全没有感觉。她一个人默默地浏览着残疾人交友网站。看到那些残疾人的照片，小 D 不禁泪如雨下。

故事中的女孩小 D 所表现的这种心理状态，医学上有个术语叫慕残癖。早在 19 世纪，世界医学文献中就有对慕残癖的相关描述。记载了一些健康的男女被截肢者、跛脚或者使用拐杖、支架和轮椅的残疾人吸引，从而产生性冲动。

例如，有的慕残癖者喜欢跛脚的男孩或女孩；有的慕残癖者看到一些肢体完整但是患有肌无力的人会有一种特殊的情感，当他们静静地坐在轮椅上或者躺在床上，保持着均匀的呼吸声，或者沉睡，会让慕残者有一种兴奋异常的心理，并通过这种心理满足自己。

慕残癖又称为恋残癖，是指被残疾异性（特别是患有进行性损害或截肢者）吸引并产生性冲动和爱恋的健全人所有的一种奇特心理，在女性中常见。慕残癖患者会对聋哑或截肢的残疾异性产生爱恋之情，甚至与之恋爱或结婚。

为什么慕残癖患者会对残疾异性心生爱慕，而对正常的健康人却熟视无睹呢？

心理学专家解释，一是因为对残疾或畸形的偏好导致了慕残癖者对残疾人拥有较少的恐惧心，而残疾人更易于占有或易于支配。二是被残疾人所吸引其实与同性恋、虐待狂和情欲奴的潜在心理有关。有着潜同性恋意识的男性能在截肢者身上找到含有较少危险的性刺激。慕残者也试图通过照顾、爱护残疾人来满足他们未被满足的对爱和关心的需要。

另外，按行为主义理论，慕残癖可能是因为性体验与残疾人之间碰巧形成了条件反射。此类患者往往也是非常自卑的，他们不敢向正常人示爱，只好转向弱势群体。据说，有的人是被残疾人一瘸一拐的走路方式所吸引。按精神分析理论，这种走路方式节奏感很强，而节奏本身就是性的象征。

洁癖：过分爱干净是一种病

李江是某杂志社的行政助理。最近，他觉得自己得了一种“怪病”，老是觉得自己手上和衣服上沾上了什么不干净的东西。因此，每天必须多次、长时间地洗手、洗衣服，别人暗地里叫他“变态”，为此他非常痛苦。

不仅如此，李江还不能容忍办公室和家里有不干净的地方。每天他上班时，首先就是把办公室里里外外、上上下下、角角落落……打扫三遍以上，然后才能安安心心坐下来办公。而且必须是他亲自擦，清洁工阿姨打扫，他是不放心的，总觉得别人清洁得不干净。他最恨的事情就是：三遍清洁尚未做完，就有人进来和他商讨或请示工作。他认为这样的话就前功尽弃了，他就会重新再做三遍清洁。

待到晚上要上床休息了，他的双脚洗完之后是绝对不能让它再落地的。怎么办呢，一般是坐在床上洗，洗完后拭干，然后赶紧钻入被窝睡觉。如果半夜里要上厕所，脚穿拖鞋落地后，那么就必须再重新洗一次脚。

他任何时候都担心病菌侵袭，而且这种担心逐日加重。在路上远远见到穿孝服戴黑纱的人，他就想，他们家中死了人，他们身上必定有病菌，而且已经把病菌传给自己了。他就会赶紧回家，回家后不但反复洗手洗头，还要把外衣扔掉。

渐渐地，他已经发展到不敢出门，不敢听别人谈到癌症或死亡的事，不敢到医院去看病，因为医院有各种病菌。妻子和女儿都不理解他，他们时常为此发生争吵，弄得家庭关系很紧张。

你也许遇到过这样一种女人：她总是把房间收拾得一尘不染，床单、桌布不得有一丝褶皱，橱柜玻璃不能沾一星油污，地板、瓷砖上不可见一缕头发，进出门必先换拖鞋……

为了保持这样的整洁，家务劳动是她每天的重头戏，不仅占据了她的大量时间，还要求家庭成员的同心维护。

或许你会说，一个人爱干净、讲究卫生是无可厚非的，于己于人都有好处。但是，如果一个人过分爱干净，过于注重清洁以至于影响了正常的学习、工作和生活……那你还会支持他吗？

过分爱干净又叫“洁癖”，是强迫症的一种。

洁癖患者以女性居多，这同女性先天的体质柔弱和比较爱清洁有关。洁癖患者又大多是文化层次较高的人，连具有专业知识的医护人员也不能完全避免。

洁癖患者在讲究卫生方面明知道没有必要，可就是控制不住，活得特别紧张，其生活目标就是讲究卫生，整天关注的就是细菌、病毒。

这样的人好像很卫生，却感受不到幸福，只感到了紧张和痛苦。他们没有时间去享受生活，一生中大部分时间都花在讲究卫生上了。其实，他们也能意识到过分讲究卫生没有必要，但是又从内心涌现出强烈的焦虑和恐惧，不得不采取某些行为来安慰自己，头脑中会反复出现一些怀疑和联想，却又无法摆脱。

任由洁癖这种“病”发展，有可能会引起性格变异，变得敏感、固执、任性、狂躁，妨碍睡眠和饮食，严重影响工作、生活、健康和人际关系，甚至失去自控而出现激烈的反常行动。而和严重洁癖的人生活，家人也会难以接受和适应。

洁癖可以通过系统脱敏法得到有效的治疗。首先，把自己害怕的东西和场景、经常做的事情写出来；然后，每天从最容易的事情入手控制自己的行为，如逐渐地减少洗手的次数和时间。改变思维方式，一切慢慢来，稳步前进。调整好自己的心态，让自己乐观开朗起来，就会减少以至摆脱洁癖的困扰。

恋母情结：爱撒娇的“大男孩”

恋母情结来源于古希腊罗马神话故事：据说底比斯国王拉伊俄斯受到神谕警告，说他的新生儿俄狄浦斯长大后，有一天会杀死他的父亲而与母亲结婚。对于这个不祥的预言，拉伊俄斯感到非常震惊，为了保住自己的生命和王位，他让一个猎人把儿子带走并杀死。然而，猎人对于这个幼小的生命动了恻隐之心，他没有杀死俄狄浦斯，只是把他丢弃在山里。后来，一个牧羊人发现了被丢弃的婴儿，随之将其领回家并将他抚养长大。

多年以后，拉伊俄斯去朝圣，路遇一个青年并发生争执，他被青年杀死——这位青年就是俄狄浦斯。由于俄狄浦斯还破解了斯芬克斯之谜，底比斯人民一致将他推举为王，并娶了王后伊俄卡斯特。后来底比斯发生瘟疫和饥荒，人们请教了神谕，俄狄浦斯才知道，多年前他杀掉的一个旅行者是他的父亲，而现在和自己同床共枕的竟然是自己的亲生母亲。俄狄浦斯王羞怒不已，他弄瞎了自己双眼，离开底比斯，独自流浪去了。

上述这个故事就是心理学中俄狄浦斯情结的原型。俄狄浦斯情结即恋母情结，简单来说，它是男性的一种心理倾向，无论这个男人到什么年纪，总是服从和依恋母亲，无法达到心理“断乳”。

精神分析学的创始人弗洛伊德认为，儿童在性发展的对象选择时期，开始向外界寻求性对象。对于幼儿，这个对象首先是父母亲，男孩以母亲为选择对象，女孩则常以父亲为选择对象。小孩做出如此的选择，一方面是由于自身的“性本能”，同时也是由于双亲的刺激加强了这种倾向，也即是由于母亲偏爱儿子和父亲偏爱女儿促成的。在此情形之下，男孩会对他的母亲发生一种特殊的柔情，视母亲为自己的所有，而把父亲看成是自己的敌人，并想取代父亲在父母关系中的地位。

场景1：

张先生喜形于色地推开家门，脸上泛着灿烂的红光。

“准是喝酒了！”妻子善解人意，“平时不爱喝酒的人，今天怎么啦，一定有什么喜事！”

“喜事，喜事，天大的喜事。”张先生一把揽过妻子入怀，跌坐在沙发上，“你猜是什么喜事？我告诉你，我的论文获得了一等奖！真好，真好！”

妻子笑得更灿烂：“我说你行，你看，让我说中了吧。我丈夫的水平我最了解。”

闻言，张先生更加兴奋，又从沙发上跃起，孩子般地手舞足蹈，抒发着感慨……

场景2：

年逾不惑的程先生，奋斗半生，备尝艰辛。女儿大学毕业，本来说好进一家单位，该单位正好缺这个专业的人。就要报到了，没想到忽然传话说要再等等。细细打听才知道已经被人顶替了！程先生和妻子提起这个话题，不禁泪水涟涟，把头深深埋进妻子的怀中失声恸哭。

场景3：

刘先生拥着爱妻卧在沙发里看电视。忽然，他扭过身，一头钻进妻子的怀中，像个孩子似的撒娇说：“今天我很累，你给我揉揉腰，这儿……”妻子笑了，她搂着丈夫的身子，像慈祥的母亲抚慰着年幼的孩子一样给丈夫揉腰。丈夫在她怀里柔顺而温情，开心舒适。

有调查发现，在1000多个不同国家、不同种族、不同教育背景、不同年龄特征、不同收入水平的家庭中，都有一种有趣的现象：男人在家中撒娇的概率远远超过妻子和孩子。也就是说，很有可能世界上所有成年男人的脆弱程度及抚慰需要都要高于女性甚至高于孩子。

男人爱撒娇，其实并不令人费解。这源自恋母情结。

有恋母情结的男人当表现出脆弱的一面、渴望抚慰时，会寻求母亲来满足自己。于是在潜意识里就形成了一种情结：母亲是一个无条件呵护、抚慰自己的人。儿子形成了对母亲的依恋，母亲成了儿子撒娇的对象。

但是因为母亲不能陪伴自己终生，所以，男人就在潜意识里去寻找和母亲形象相仿的、可以像母亲一样抚慰自己的女人，并把她们当成母亲的化身。例如这个“母亲”可以是姐姐，但更多的时候是妻子成了丈夫心理上的“母亲”。因为女性本身就具有母性特征。这种性别角色的不同，便使男人更容易表现出恋母情结。

七
大家心里都住着个“胆小鬼”：

直面恐惧

【本章关键词】

特定对象恐惧症 场所恐惧症 密集恐惧症 幽闭空间恐惧症 恐高症 深海恐惧症 无限大恐惧症 社交恐惧症 替代经历 被告知经历 系统脱敏疗法

你可能想不到的是，
现代人对缩头术或是刑具并不感到害怕，
更多人害怕的竟然是电梯。

我们到底在怕什么

每个人都会遇到让自己产生恐惧感的事或物。

英国研究人员调查2000名女性，结果显示，失去亲人、被活埋、在公开场合演讲是位列前三名最让女性感到恐惧的事，而死亡仅排名第四，火排名第五。之后为蛇、高处、蜘蛛、撞车、当众受辱、弄丢照片、牙齿脱落、被他人看到裸体、变老、受穷、成为地球上最后一名幸存者、看牙医、脱发、考试不及格、老鼠等。调查对象中，50%的女性承认自己不敢抓老鼠，43%的女性不敢抓蜘蛛。除了以上事物让她们感到恐惧外，恐怖电影、鲜血、木头冰棍棒、小鸡、脚、长胡子的男人等也会让有的女人恐惧。

有的女性会毫无理由地害怕粘在口腔里的花生酱，害怕触摸泡沫塑料、羊毛衫或棉花，有人不敢洗泡泡浴，不敢踩气球，不敢踩高跷，还有的人不敢在晚上到车里取东西……

英国调查组发言人说：“调查揭示了一些匪夷所思的恐惧源头，例如肚脐、小船、鸽子、触碰鱼。我先前认为大家会对缩头术或是刑具感到害怕，可更多人害怕的竟然是电梯。”

心理学家认为，恐惧症多由童年后期、青少年时期或成年初期的恐惧经历引发。这种经历储存于患者记忆中。患者再次经历相似情况时，恐惧感随之而来。除此之外，不快经历也可能引发恐惧症，如儿童时期经常被羽毛挠痒的人可能患上羽毛恐惧症。

一些恐惧症的成因现阶段已有解释。专家认为，基因决定人类会害怕某些事物。例如，因为黑夜遇袭或受动物伤害的危险比在白天大，所以自人类祖先起就对黑暗产生了恐惧。

在恐惧状态下或突然受惊吓，人们往往会表现出惊叫、大喊或哭泣的精神状态。日本曾经有一部经典恐怖片《午夜凶铃》很火。其中有一个令人“一生难忘”的经典镜头：贞子从井中慢慢爬出。那一刻，曾有无数坐在电视机前看此片的年轻女人几乎被吓掉了魂。而学校里的女大学生们则在整个宿舍楼里吓得鬼哭狼嚎，场面可谓比电视镜头还惊悚。所以，当感到恐惧时，人们会不由自主地尖叫、呐喊，这是人的本性使然，尤其是女人。

在日常生活中，当女生见到蛇、蜘蛛甚至“小强”时，或者被某个爱搞恶作剧的人藏匿在门后吓了一跳时，也往往会尖叫。

感到恐惧或受惊吓，人为什么会尖叫？其中是有着心理学依据的。

心理学家安·克林发现，当观看恐惧片时，女生其实和男生在心理和情绪上是无差异的，随之受恐惧情景的影响，女生的脸部表情、声音和自我报告等信息可以反映并证实，她们比男生更觉得恐惧。其实，男生面对恐惧情景也感到害怕，但是他们出于某种原因未将恐惧的情绪用尖叫等方式表现出来。

女生们喜欢将恐惧的情绪用尖叫表现出来，其真实原因是，她们的确爱表达。美国精神病学家布里曾丹研究发现，女生平均每天能说大约 2 万个单词，而男生平均只说七千个左右，女生的说话量相当于男生的 3 倍。可见，女人们用更加激烈的方式表达自己的情绪，就不难理解了。

在恐惧时伴随尖叫，其实对身体是有益处的。加拿大多伦多大学的神经学家亚当·安德森研究发现，当人们惊声尖叫时，其典型的面部表情特征是：眉毛上扬，眼睛瞪大，眼珠快动，面部肌肉向上提拉。而这些表情可以有扩大视野和提高警觉的作用；面部肌肉的向上提拉，能扩大鼻腔体积，加大通气量，提升嗅觉灵敏度。同时，当人尖叫时，身体会处于紧张状态，肌肉紧绷，心跳加快、血流加速。这些生理变化能够使人体充满力量，有助于处在危险境地时奋起回击或者迅速逃离。

所以，在恐惧情境刺激下，女人更容易通过尖叫的方式表达内心的恐惧感。

社交恐惧症

每个人都害羞过，但是让每个人害羞的事情和原因都有所不同。大多数情况下，让人感到害羞难为情的并非是小时候被家长打过，被老师罚站，或者被自己心爱的人拒绝，而是面对人多的社交场面，表现出来的害羞和不自在。

有个男孩叫小强，性格内向腼腆，从小就不太擅长结交小伙伴一起做游戏，而入学之后，更是拒绝和所有同学来往。

小强上大学花了7年时间，才修完了所有的课程，而其中始终让他迈不过坎儿的科目竟是口语考试。为此他不得不一遍遍地重修课程。勉强大学毕业了，小强获得工程学学位，并参加了工作。做了6个月的工程师后，他辞职了，从此他开始完全拒绝家庭之外的所有社会交往活动。因为无论是在公开场合还是与权威人士接触时，他就会表现出脸红、颤抖、冒汗、口干、心悸等紧张状态。后来经诊断，小强患上了社交恐惧症。

看了这个故事，有的人说从小不擅长社交的人会更容易患上社交恐惧症，并且成人后也会表现出社交障碍。而从小性格外向活泼、没有社交恐惧症的人，长大后也一定会乐于交往，交际力强，根本不会和社交恐惧症沾上边。其实并不是这样。

来看下面两个故事：

著名歌手卡莉西蒙的个人演唱会即将开始。作为一位知名艺人，登台演出那是她的家常便饭。然而，这一次观众翘首期待的演唱会，卡莉西蒙却砸了场。

就在演唱会即将拉开帷幕的前几分钟内，观众们早已在台下坐得不耐烦，期待着一睹歌星的风采。帷幕缓缓拉开，一场音乐盛宴开始了！观众们先是一阵热烈的掌声，以欢迎他们的女主角登场。“卡莉西蒙！卡莉西蒙！”欢呼声一阵高过一阵。

10 秒钟过去了，台上空无一人，歌星主角没有出来。20 秒钟过去了，舞台上还是空无一人。此时，台下的歌迷们不禁纷纷议论起来，猜测着是不是发生了什么故障或意外。

1 分钟过去了，卡莉西蒙还没有露面。观众们坐不住了，由欢呼声变成了呐喊声。台下顿时躁动起来。后面有的观众还叫嚷着起哄。

此时的卡莉西蒙到哪里去了呢？原来她正躲在后台因为恐惧而号啕大哭，让身边的工作人员备感无奈。几经劝说也无济于事，卡莉西蒙就是坚持不上台。

最后，演唱会以失败而告终。

其实，卡莉西蒙为这场演唱会做了充分的准备，但临上阵依然感到紧张、忧虑不安，最终因极度恐惧而无法登台表演。

与卡莉西蒙有着相同境遇的是一位棒球明星 S。他也在众目睽睽的赛场上非常醒目地“掉了链子”！一场激烈的棒球比赛正在进行中，教练安西坐在指导席边，神情紧张地盯着他的明星门生 S，S 是他带领的棒球队中超一流的明星球员，曾给他带来一次次的成功和骄傲。每当到重要的关头，明星球员 S 总能化险为夷。这场比赛，教练安西本应是胸有成竹的，他不应对他的明星球员有丝毫的不放心。然而，这次比赛太重要了，他脸上的每一块肌肉都绷得紧紧的，双眼紧盯着 S 即将要进行的动作。这是一个关键性动作，决定着赛局的成败。S 在守住了一个球之后，需要抛一个高缓球传给离他12 米远的队友 A。但是，就在球被抛出去的那一瞬间，安西教练两眼一闭，大呼：“完了！”球从 A 的头顶很高的位置跑偏了过去！不知道是一个纯属意外还是一个低级错误，即便在二流棒球队的全明星赛中也未曾发生过如此蠢事，安西教练感到非常痛心。

可见，训练有素的运动员投球失手，经验丰富的歌手也有怯场的时候。无论你是经验丰富还是初出茅庐，都有可能存在社交恐惧症，而并不只是人际关系问题那么简单轻松。

患有社交恐惧症的人更容易患有抑郁症或者躁狂症，甚至自杀心理。社交恐惧症会严重影响患者的工作和生活，如果不接受治疗，将会成为一种慢性的、终生的疾病，改善或者恢复将变得非常困难。

社交恐惧症患者最常见的恐惧对象是在公共场所讲话，包括与熟人谈话、与陌生人搭讪等，还有害怕约会，害怕进入拥挤的公共休息室，甚至害怕在他人面前写字等。

当然，也有的社交恐惧症患者不一定害怕的是与人交谈，或置身于社交场，一个人逛街、出门办事、独自去邀请客人，会让他们觉得比登天还难。还有的人上公共厕所一定要等到周围没有人才可以。

为什么社交恐惧症患者都有一个最突出的表现，就是害怕人？根据心理学研究，得出结论，因为这些人必须在别人的注视下完成一些事情，而且还要接受对方的评价。在他人的注视下做事往往会觉得紧张、不自在，这也可以看作社交恐惧症的原因之一。当别人注意他们的时候，他们的行为就会发生障碍。而如果让社交恐惧症患者在私底下做同样的事情，他们的表现行为就会少很多困难，也更加自如顺畅。

社交恐惧症是一种最常见的心理障碍，普通群体中有高达 13.3%的人在一生中都会有某种程度的社交恐惧症。男女患该病的比例基本持平。

在生活中，人们会接触到各种不同的人，这些人有时会对我们做出表扬，有时会做出批评，有时会给予我们肯定，有时会给予我们否定。一般情况下，我们往往会记住对方的赞许，而社交恐惧症患者则会记住人们对自己的批评。尽管大多是他们自认为的。

社交恐惧症可采用认知行为疗法。具体可以进行集体性训练：让一群社交恐惧症患者聚在一起，相互在其他人面前复述或者模拟能够引起恐惧的社交场合，例如，当一个人对当众发言极度恐惧时，大家就集体扮演听众，来一场演讲模拟秀。

除此之外，社交恐惧症患者不妨向亲朋好友吐露出自己内心的痛苦，这样才能获得其他人的安慰，以达到情感上的共鸣。多进行社交活动，与人主动交往，学习社交技巧来控制自己对社会的恐惧，这样锻炼得多了也就会获得来自社会的支持，也能体验到社交的乐趣和益处了。

特定对象恐惧症

日本恐怖漫画大师伊藤润二有一部经典作品《旋涡》，其中有这样一段描述：

故事中的男主角的父亲非常喜欢螺旋状的图案和物体，甚至迷恋到近乎疯狂的地步。他的家里所有的东西都是带螺旋形图案的，让人一看就头脑直晕。他倒茶的时候，会凝望杯子中的水涡而出神，他站在河边，会望着河水中生成的旋涡而发呆。

由于他长期地痴迷专注于螺旋状，他的两只眼睛可以顺时针或者逆时针地向不同方向旋转。不久，传出一个震惊的消息，这个疯狂痴迷螺旋状的人竟然自杀了！他的自杀方式也令人不可思议：他躺在了一个大木盆里，把整个身体卷成了螺旋状。

男主角的母亲发现了父亲的尸体后，显然承受不了打击，并且从此开始对螺旋状表示深恶痛绝。当她看到凡是带有螺旋状的东西，都会疯狂地尖叫。例如她在做饭时看到锅里煮沸的汤形成了螺旋状，会将饭锅掀翻在地；她在树叶上看见一只蜗牛，会连同树叶一起将蜗牛踩在脚下碾成碎末。

有一次，她在洗手时忽然发现了又一个螺旋状：指纹。她无法忍受让可恶的螺旋状长在自己的身体上，于是就用剪刀将所有手指上的指纹皮肤通通剪了下来。她的儿子看到如此情况，决定将她送入医院。

但是，在医院里，她仍旧没有停止自己受刺激的神经。当输液瓶中的液体下降时产生的旋涡，再次让她癫狂，她一把扯断了输液器，打翻了输液瓶。

后来，她在出院前，在医院的走廊里无意中发现医学人体挂图上的耳蜗，那也是螺旋状的！紧接着，她捂着脑袋疯狂地在走廊里乱窜，同时歇斯底里地大叫。

几日后的一个夜里，她也用了一种极其惊悚的方式结束了自己的生命：一把长尖刀从她的耳蜗中刺穿了过去。

这部作品中对主人公的刻画就是来源于现实生活中对特定对象的恐惧。

什么是特定对象恐惧症？没有明确理由地对特定物体感到恐惧，被称为特定对象恐惧症。大多数情况下，我们都患有一种或两种特定对象恐惧症，例如有的人害怕蛇，有的人害怕虫子，有的人害怕黑暗，有的人害怕锋利尖锐的物体等。

较为常见的特定对象恐惧症包括有恐高症；幽闭空间恐惧症（害怕乘坐电梯、地铁）；对身体损害的恐惧症（如血、打针、治牙）；动物恐惧症（害怕狗、蛇、老鼠和昆虫等）。除此之外，还有暗处恐惧（害怕黑暗、黑夜）；气流恐惧（害怕龙卷风、台风）；穿行恐惧（害怕穿过马路）；尖锋恐惧（害怕针、刀等）；灰尘恐惧；切割恐惧（害怕被割破或抓破的伤口）；男性恐惧（有的女人害怕男人，或害怕与男人发生性关系）；无限恐惧（害怕巨大的物体）；接触恐惧（害怕身体接触、被触摸）；废墟恐惧（害怕废墟）……

有一个成年男子特别怕切黄瓜，只要看见有人在清洗黄瓜，然后把黄瓜一片片地切开，他就情不自禁地紧张、害怕，浑身哆嗦。

这是为什么？

原来，在他小时候，有一次伸手向妈妈要黄瓜吃。因为厨房里很忙，其中一位正切黄瓜的厨师吓唬他：“别闹，再闹就把你的‘小鸡鸡’割下来。”正巧一段黄瓜被切断，吓得他大喊：“我不要黄瓜了！”

可见，在潜意识里有关性的秘密中，“黄瓜”被用来作为男子生殖器官的象征物。

恐惧症会影响患者的社会和生活功能，一般患有特定对象恐惧症的患者往往会采取躲避的方式，减少自己的恐惧感。例如，恐高症患者尽量少登高、到高层建筑上去，就不会恐惧。

特定对象恐惧症是我们生活中最常见的心理障碍之一，患病的女性多于男性。

行为主义学派的创始人华生曾对特定对象恐惧症做过一项实验。他抱来一个3岁的幼儿，然后在他的身边放上一只兔子，来测试一下幼儿是否害怕。可谁知小家伙非常勇敢，一手抓起兔子耳朵使劲一抡，可怜的兔子就被抛到2米开外。随后，华生又拿来一只小猫。和兔子一样，小猫也惨遭同样的命运，被幼儿抓住尾巴倒提起来甩了出去。幼儿竟然不怕活的小动物？真是无知者无畏。

可是，当华生改变了一种测试方法后，情况就不同了。这一次，他不再用动物来考察幼儿，而是用一个小锤不断地敲打钢条，发出刺耳的噪声。结果是，幼儿听到这噪声忽然愣了一会儿，紧接着不安地大哭起来。

然后，华生又在幼儿身边放上一只兔子或小猫，并且一边用小锤敲打钢条。当这种噪声和兔子或小猫同时出现多次后，幼儿即使不听到噪声只看到兔子或小猫，也会非常不安地大哭。

由此得出实验结论：

婴儿+兔子（小猫）——不害怕

婴儿+噪声——害怕

婴儿+兔子（小猫）+噪声——害怕

反复作用后去掉噪声结果：

婴儿+兔子（小猫）——害怕

同时这也让我们想到了巴甫洛夫的条件反射实验。经过反复实验后，即使婴儿长大，也很难在内心里消除曾经被测试的恐惧情景。他不但对兔子或小猫感到害怕，所有带毛的动物和毛皮物品都会让他感到恐惧。这在心理学上有个术语称为泛化。

关于泛化，生活中有许多这样的例子。例如，一个幼儿不小心被自家的炉门烫伤了手指，当他再一次从炉门前经过时会远远地绕着走。并且此后看见所有形状像炉门的物体，都会避而远之。

由此可知，特定对象恐惧症与条件反射原理密切相关。条件反射能形成恐惧，但条件反射需要在多次的强化作用的基础上才能建立。如果只面对一次恐惧的刺激，那建立条件反射就是无效的。所以，只有害怕的经历本身这一因素是并不会产生恐惧的，只有再面对一次恐惧的刺激（例如害怕以后再去治牙，或者害怕再遇到蛇），作为条件反射形成中所需要的多次反复的刺激，才能促成恐惧的条件反射的形成，也就是让人变成从不恐惧到恐惧。

场所恐惧症

有的人当进入一些特殊环境时会不由自主产生恐惧感。包括空旷的广场、拥挤的公共场所、封闭的环境等，如球场、商店、剧场、公路、电梯、公共汽车、火车等。这被称为场所恐惧症。

场所恐惧症患者总是担心在此场所中会昏倒、发作某种病症、失去控制，而又无法逃离现场。只要一处于恐惧环境之中，就出现害怕出事的感觉，不由自主想逃避，如若不能实现，就会心慌心跳、呼吸急促、出冷汗、头脑混乱、手足颤抖、肌肉抽动，甚至昏厥。但一经离开恐惧环境，即可恢复正常。

下面是一个场所恐惧症患者的真实经历。

K先生已人到中年，但不管到哪里都需要太太做伴，甚至连上厕所也要叫上他的太太陪同一起去。在旁人看来，他们如胶似漆，可事实上其中的难言之隐只有他们夫妻自己知道。究竟是怎么回事呢？原来，K先生患有场所恐惧症！

有一次，K先生单独一个人在经过康科德广场时，忽然产生一种莫名的惊惶，并伴有呼吸加快、浑身出汗、双腿发软、口干舌燥等症状。他觉得自己好像就要窒息了。面对着空旷的广场，他觉得没有尽头，并且感到进退两难。后来，他鼓足勇气，在全身冷汗淋漓下，闭着眼睛一口气冲过了广场，到达了广场的另一边。此后，他才渐渐地放松下来，恢复正常状态，继续赶路。

但从那一天起，他对康科德广场就莫名地心生畏惧，凡是要经过广场的路线，他都会选择避开或绕行，哪怕路程会远一点。

后来又有一次，他有事要穿过英华利德桥，当时也是独自一人，谁知和上次一样，他又开始惊惶起来，浑身难受。好不容易穿过了桥，又在一条狭长而幽深的街道路口发起怵来，此时他已经两腿迈不开步了，心跳加快，汗如雨下。

到最后，每当他要经过一个空旷的地方时，就会表现出严重的焦虑不安、紧张恐惧，身体也会伴随着出现各种各样的异常反应。所以，他发誓，从此与所有的广场绝缘。

K先生的一个女学生来到家中拜访，在拜访之后出于礼貌他将那女孩护送回家。但是女孩平安到家了，他自己却回不来了。他的太太在家里等了几小时还不见他回来，于是就出去寻找。结果她在英华利德桥的一端，看到他的丈夫K先生正孤零零地蹲在桥的另一端，全身哆嗦，不停地打战。他不敢穿越英华利德桥，他对这座桥充满了恐惧！

无奈之下，在太太的牵引下，夫妻二人才穿过了桥回家。

从此，无论到哪儿，K先生都由太太牵引着。尤其是不得不经过广场和桥时，他的太太会紧紧抓住丈夫的手，带着他快速地穿越，回到让他感到不再恐惧的安全地带。

故事里的K先生显然患上了场所恐惧症。

场所恐惧症最常见的有幽闭空间恐惧症和广场恐惧症。

1.幽闭空间恐惧症

幽闭空间恐惧症属于恐惧症中较为常见的一种。是指一种对封闭空间出现恐惧心理的心理疾病，如在电梯里会出现恐惧，在车厢、飞机中出现恐惧心理等。还有的人不敢单独在一个密闭房间里，害怕到地下室、深层空间、害怕地窖、井等。

明知自己的恐惧与焦虑是过分的、没有必要的、不合理的，但却无法控制，从而影响正常的生活和工作，内心有痛苦感。恐惧发作时往往伴随有明显的植物神经症状。

幽闭空间恐惧症患者会在封闭的空间中产生恐慌，会因为无法逃离这样的情况而感到恐惧。甚至会在室内场馆、戏院或电梯中感到呼吸困难。治疗幽闭空间恐惧症可以采取心理疗法，或采用一些抗焦虑的药物加以治疗。

2.广场恐惧症

广场恐惧症是指怕到公共场所或人多拥挤的地方，如商场购物；空旷的场所，如运动场、广场。广场恐惧症患者置身于这种环境，通常会引发恐慌症状。因此，广场恐惧症患者通常待在家里面，外出则感到困难。他们会在公共场合或者开阔的地方停留感到极端恐惧，因为他们会觉得要逃离这种地方是不可能的或者令人感到尴尬。

广场恐惧症常以自发性惊恐发作开始，然后产生焦虑和回避行为。其主要表现有以下几方面：

害怕到人多拥挤的场所，如会场、剧院、餐馆、菜市场、百货公司等，或排队等候；害怕使用公共交通工具，如乘坐汽车、火车、地铁、飞机等；害怕单独离家外出，或单独留在家里；害怕到空旷的场所，如旷野、空旷的公园。

当患者进入这类场所或处于这种状态便感到紧张、不安，出现明显的头昏、心悸、胸闷、出汗等植物神经反应；严重时可出现昏厥。由于患者有强烈的害怕、不安全感或痛苦体验，常随之而出现回避行为。在有一次或多次类似经历后，常产生对“广场”的焦虑。但在有人陪伴时，患者的恐惧可以减轻或消失。

3.广场恐惧症VS密室恐惧症小测验：

这是一个5岁小女孩的梦，小女孩的母亲牵着小女孩的手走着，但就在女孩采摘开在路旁的蒲公英时，母亲却逐渐越走越远。女孩急急忙忙想追上母亲，但不知道为什么双脚却不听使唤。于是女孩大声喊叫“妈妈!”请问你认为在梦中的这位母亲会有什么反应呢?

A.没注意到小女孩的叫声，继续越走越远

B.立刻回头，跑到小女孩的身边，抚摸她的头

C.停下脚步，并回头向小女孩挥手，示意她“快点过来”

分析：

选A，倾向广场恐惧症。在潜意识里对“分离”感到不安。或许你的幼

年有阴影，导致对于离开心爱的东西时会感到恐惧。由于比一般人更害怕孤独，因此，一旦置身于空旷的地方，便会产生强烈的孤独和不安。相信只要找到一位能够保护你、让你感到安心的恋人，应该就不会再对广场感到恐惧。

选 B，有密室恐惧症的倾向。此答案显示你在幼年时期受到母亲过分的保护，但相对地，却丧失了主体性。因此，你心理上感到不安，害怕完全被母亲控制。此种窒息感便以密室恐怖的形态出现。建议你必须训练自己独立，以取回自己的主体性。

选 C，属于正常。和母亲之间有适当的距离。表示从幼年期开始便和双亲之间维持着稳定的心理关系。换句话说，至少你对空间不会感到恐惧。

替代经历和被告知经历

人为什么会“一朝被蛇咬，十年怕井绳”？这在心理学上是有着一定的科学依据的。

很久以来，人们一直认为绝大多数的恐惧症是由于过去经历了一件非同寻常的创伤性事件引起的。例如，如果你过去被狗咬过，你就会产生对狗的恐惧症。但情况并不总是这样。即便自己没有被狗咬过，也会对狗心生恐惧，因为我们看到身边有其他的人有过被狗咬的经历，由此我们会不由自主地对狗产生恐惧。这种行为称为替代经历。

一个小男孩因为牙疼去看牙科。在医院治疗室外长椅上等待的时候，听到了屋里传出来嗡嗡作响的电钻声和患者撕心裂肺的号叫，小男孩顿时吓得魂飞魄散，并吵闹着说从此再也不来医院看牙。

小男孩之所以感到害怕，并不是他自己的牙被拔掉，而是看到别人在治牙时所表现出来的痛苦而心生畏惧，所以这是一种替代经历。看到别人受伤的经历或是感到强烈的恐惧，都足以让自己产生恐惧心理。因为情绪是很容易传染的，你旁边的人高兴时，你也会开心；身旁的人要是感到害怕，你也就会产生恐惧心理。

在恐惧症中，还有一种被称为被告知经历。

简单来说，在童年的时候，我们都会被大人叮嘱远离那些凶猛的小动物，它们会咬人，让我们离它们远点，那么这种行为则称为被告知经历。

一名有严重恐蛇症的妇女，她一生中从来没有遇到过真蛇，但在她成长的过程中，反复被强调在草丛中的蛇是危险的，所以为了提防蛇，在野外活动时，她总是穿着长筒靴，把衣服上下都扎得紧紧的，不留一点缝隙。后来，她即使在街道上行走的时候也穿着长筒靴，在炎热的夏天也穿着长筒靴。这种再三被警告有潜在的危险时而形成的恐惧就是被告知经历。

恐惧症的系统脱敏疗法

作家毕淑敏有一篇著名的作品《青虫之爱》，其中有一段这样的细节描写：

我有一位闺中好友，从小怕虫子。不论什么种类的虫子都怕。披着蓑衣般茸毛的洋辣子，不害羞地裸着体的吊死鬼，一视同仁地怕。甚至连雨后的蚯蚓，也怕……

女友说，后来有人要给我治，说是用“逐步脱敏”的办法。例如先让我看虫子的画片，然后再隔着玻璃观察虫子，最后直接注视虫子……原来你是这样被治好的啊！我恍然大悟道。

嗨！我根本就没用这个法子。

有一天，我抱着女儿上公园，那时她刚刚会讲话。我们在林荫路上走着，突然她说：“妈妈……头上……有……”她说着，把一缕东西从我的头发上摘下，托在手里，邀功般地给我看。

我定睛一看，魂飞天外，一条五彩斑斓的虫子，在女儿的小手内，显得狰狞万分。

我第一个反应是像以往一样昏倒，但是我倒不下去，因为我抱着我的孩子。第二个反应是想声撕力竭地大叫一声，但我立即想到，我一喊，就会吓坏了我的孩子。

如果我害怕，把虫子丢在地上，女儿一定从此种下了虫子可怕的印象。在她的眼中，妈妈是无所不能无所畏惧的，如果有什么东西把妈妈吓成了这个样子，那这东西一定是极其可怕的。

当年我的妈妈，正是用这个办法，让我从小对虫子这种幼小的物体骇之入骨……

不行，我要用我的爱将这铁环砸断。我颤巍巍伸出手，长大之后第一次把一只活的虫子捏在手心，翻过来倒过去地观赏着那虫子，还假装很开心地咧着嘴，因为女儿正在目不转睛地看着我呢……

那一刻，真比百年还难熬。女儿清澈无瑕的目光笼罩着我，在她面前，我是一个神。我不能有丝毫的退缩，我不能把我病态的恐惧传给她……

不知过了多久，我把虫子轻轻地放在了地上。我对女儿说，这是虫子。虫子没什么可怕的。有的虫子有毒，你别用手去摸。不过，大多数虫子是可以摸的……

那只虫子，就在地上慢慢地爬远了。女儿还对它扬扬小手，说："bye……"

系统脱敏疗法指在条件反射和肌肉放松结合的基础上，通过交互抑制原理治疗疾病的方法。主要用于治疗恐惧症和焦虑症。

系统脱敏疗法主要采取三个步骤：放松训练、等级结构训练及系统脱敏。

1.放松训练

适宜在专业医师指导下进行。靠在沙发上，全身各部位处于舒适状态，双臂自然下垂或搁置在沙发扶手上。然后在头脑中想象自己正处于令人轻松的情境中，静坐在湖边或者漫步在一片美丽的田野上，使内心达到一种安静平和的状态。

然后医师会用轻柔、愉快平稳的声调引导患者依次练习放松前臂、头面部、颈、肩、背、胸、腹及下肢，重点强调面部肌肉的放松。

每日一次，每次 30 分钟，反复练习。

2.建构恐惧等级图

把让自己恐惧的事件或情境按恐惧程度排序，从最小恐惧到最大恐惧。然后给每个恐惧程度定一个分数，例如最小的是 10 分，最大的是 100 分。10 分代表低度恐惧，100 分代表高度恐惧。然后再把其间恐惧的程度依次划分层次，各级间要分布均匀，这就构成了阶梯式恐惧等级图。

在制定过程中可以闭上眼睛想象和回忆各种能让自己产生恐惧的画面，要具体清晰，并且能置身其中引起情绪的变化。

例如，我们可以让一个天生怕蛇的人构建一个阶梯式恐惧等级图：

第五阶：到有蛇的环境中（50 分）

第四阶：触到蛇（40 分）

第三阶：看到蛇（30 分）

第二阶：听到蛇（20 分）

第一阶：想到蛇（10 分）

3.系统脱敏

下面开始系统脱敏疗法。

首先想象最低等级的刺激事件或情境，当感受到恐惧时，停止想象，并全身放松。然后体验一下自身的感受，如果觉得不适，就需要再来一遍。如此重复数次，直到想象的那个曾令你恐惧的事物不再让你感到恐惧为止，此为一级脱敏。

以上面例子分析，从第一阶开始：想到蛇。有的人一想到蛇就会表现出紧张、出汗、身体发抖等症状，当这些症状出现一段时间后，患者停止想象，放松。然后，再重新“想到蛇”，进行多次反复，直到患者对“想到蛇”表现出淡定，就可以进入第二阶：听到蛇。

接着再想象高一等级的恐惧事件或情境，方法照旧。直到想象的那个曾令你恐惧的事物不再让你感到恐惧为止，此为二级脱敏。上面第一阶“想到蛇”过关之后，就进入“听到蛇”阶段。有的人会谈蛇色变，那么就依据同样的方法，直到训练得不再害怕“听到蛇”。

直到想象最高级的恐惧事件或情境，也就是阶梯恐惧等级图的最上面一级。按同样的方法进行，等到所有等级的恐惧事物和情境都被克服，也就是特定对象恐惧症的痊愈时刻。

到这时，特定对象恐惧症患者就会对恐惧有了一定的免疫力，对任何曾感到恐惧的事物和情境都不再“过敏”。

八
身不由己的行为怪圈：
关于强迫症

【本章关键词】

行为强迫症 思想强迫症 情感强迫症 密码强迫症 洁癖 森田疗法

晓明手上的各类密码有近百个：开电脑提示密码、电子邮箱密码、银行卡密码、网银密码、商场会员卡密码，以及QQ、MSN、飞信密码，淘宝、卓越、当当网等网站密码……

这些密码有长有短。有的是数字，有的是字母，有的是大小写字母并用，还有的是字母、数字、横线符号“混搭”。

晓明时常为记不清这些密码而烦忧。尤其当被要求更换新密码时更是烦不胜烦！每次他输入密码就头痛，还经常因此做噩梦：他站在家门口按门铃，太太在门内冷冷地说：请输入密码……

这样的“密码强迫症”你有过吗？

失控的身体

在日常生活中，我们会发现一些人不由自主地去数钟声、台阶，甚至天上的星星；全神贯注地思考某个名词、韵律或典故；一遍遍认真推敲写就的文稿；废寝忘食地探索某个公式、假说或定理；一丝不苟地按顺序起床、进食、上班和入睡。这种现象就叫强迫现象，严重的则发展为强迫症。

强迫症属于神经官能症的一种，也属于焦虑障碍，是以强迫观念和强迫动作为主要表现的一种神经症。强迫症患者自身明知持续存在的行为和观念毫无意义且不合理，却不能克制地反复出现，愈是企图努力控制，反而愈感到紧张和痛苦。

例如，反复去想或去做自己觉得没有必要的事情，如果不做就会非常难受、焦虑不安，甚至达到无法自控的程度；出门了却突然不能确定自家的房门有没有锁好，于是返回一次次地检查；总是把手机拿在手里，生怕漏掉重要的电话和短信；做完一道题怕有疏忽，一次次地重新检查，以致考试根本来不及做完试卷；感觉周围的环境中充满了病菌，不得不经常洗手，一天洗上三四十次，直到把手指洗得红肿蜕皮……如果出现以上行为或想法，那么很有可能是患上了强迫症。

专家分析表明，强迫症患者多以高学历和女性居多。这些人易患强迫症的主要原因是，做事追求完美，放不开、总拘泥于细节，内心脆弱、胆小怕事、焦虑不安，再加上生活和工作压力大等因素，容易引发强迫症。

下面是强迫症几种比较典型的案例：

小徐是事业单位的一名文员，今年 30 岁。两年前她偶然从朋友的一次闲聊中，听说不经常洗手极易传染上肝炎。就是从那一天开始，小徐开始爱上了“洗手”。推门后、拿过什么物品后，她都必须去卫生间洗手，一天要洗上三四十次。到后来发展到别人和她握手后也必须立刻去洗手。如果不洗手，就会提心吊胆。久而久之，小徐身陷没完没了的“洗手业务”，异常痛苦。其实她自己也明知道没必要这样担心，但却一次次“欲罢不能”，她的手指已被洗得发红、发肿、蜕皮，惨不忍睹。后来，她去医院就诊，才得知患上了洗手强迫症。

老张是企业的一名工作人员，今年52岁。从10年前开始，他一直活得“战战兢兢”。原来不知从哪一天开始，他突然担心起所有悬挂的东西：吊扇、雨棚、电灯等。一开始只是自己不敢从这些悬挂的物品下走过，后来发展到因此而拒绝社交，因为社交公共场所这类悬挂的东西特别多。再后来变本加厉：回到家中，他每天要无数次地拿着工具爬上爬下检验这些悬挂物品的牢固度。一家人10年来被他的这一行为折腾得够呛。到后来，老张自己也变得厌恶自己、讨厌自己，可是又无法改变。

通过以上两个案例详细介绍了强迫症的具体症状。需要注意的是，患上强迫症后不必过度消沉悲观，需要尽快治疗，否则症状会加重，患者也会越来越痛苦。因为一些不由自主的思想纠缠，或不断地重复着一些刻板的礼仪或无意义的行为，会影响注意力的集中，严重的则无法学习和工作，甚至可能完全丧失学习能力和工作能力，导致精神疾病。

除了有必要进行专业的心理咨询和心理治疗外，一些自我心理疗愈法也有一定的辅助作用。例如，采用减轻和放松精神压力的方法：凡事顺其自然，该怎么办就怎么办，做了以后就不再去想它，也不要对做过的事进行评价或者反复回忆。经过一段时间的训练和自己意志的努力，强迫症状就会得到缓解。

此外，打开心灵牢笼，让曾被囚禁的自由思想主宰自己的行为。通过努力寻找生活中的独特事件，让这些独特事件带来新的观念和解决问题的新思路、新方法，以改变墨守成规的习惯。如果发现自己的意志不坚定，可以请自己的好朋友、同事甚至上司帮忙。

思想强迫症

思想强迫症是强迫症的一种类型，以强迫思维为主要症状。性格主观、任性、急躁、好胜、自制能力差、性格脆弱的人容易患上思想强迫症。

小宁，19 岁，家在农村，父母均为农民。在家排行老大，下有一弟一妹。从小小宁就很懂事，知道父母挣钱养家很不容易，所以对自己要求极为严格，一点儿时间也不许自己浪费。成绩一直名列班上前几名，初一后还任班干部，深得老师喜欢。

初一后半学期，父亲节约开支给小宁买了块表，作为奖励。初二上半学期，一次早操中他把表弄丢了。他深知父母挣钱不容易，内心极度内疚，常常有意识地到寝室和马路边努力寻找，希望能够发现，但始终没找到，也不敢告诉父母，成绩也因此受到影响，开始下降。

后来他们家添置了沙发。平时小宁喜欢坐在沙发上看书，一次母亲说别坐坏了，以后不准坐在沙发上看书，从此他果真再也不敢坐沙发。后来发展为一种病，病到看见椅子也害怕。他勉强读完初中，其后一直待业在家，成天为看病四处奔波，父母为此花去了不少钱，他更觉得不好受。

令小宁最苦恼的恐怕是小便失禁，老想去厕所，但又自觉不该去。越想控制则想去厕所的念头就越强烈。尤其是吃饭之后想去厕所，拼命克制自己不去，结果吃了饭就吐，按胃病治了很久也未奏效。如此持续了很长时间，苦不堪言。近段时间以来，他老是想着自己是否渴了或者饿了，椅子该不该坐，泡在盆里的衣服是现在洗还是过一会儿洗，反复检查电灯开关，出门反复看是否关好锁好门等。上大学的表姐后来将小宁的症状告诉了心理医生，医生告诉她，小宁可能患上了强迫型人格障碍症。

思想强迫症主要包括强迫意向、强迫情绪和强迫思想三个方面。

1.强迫意向

患者在出现某种正常心理时常出现相反的违背自己内心的意愿，虽然这种相反的意愿十分强烈，但从不会付诸行动。如过马路时，想到冲向正在驶过的汽车等。

2.强迫情绪

患者对某些事物感到厌恶或担心，明知根本没有必要却不能克制。例如，担心自己会伤害别人，担心自己会说错话，担心自己受到毒物的污染或细菌的侵袭等。

3.强迫思想

包括强迫性怀疑、强迫性回忆、强迫性联想和强迫性穷思竭虑等。强迫性怀疑，患者对已完成的事情总是放心不下，要反复多次检查确实无误后才能放下心来。如怀疑是否关好门窗，准备投寄的信是否已写好地址，煤气是否已关好等，在怀疑的同时常伴有明显的焦虑；强迫性回忆，患者对过去的经历、往事等反复回忆，虽知毫无实际意义，但总是反复回萦于脑中，无法摆脱，因而感到厌烦至极。如回忆已讲过的话用词、语气是否恰当等；强迫联想，当患者听到、见到或想到某一事物时，就不由自主地联想起一些令人不愉快或不祥的情景，如见到有人抽烟就想到火灾；强迫性穷思竭虑，患者对一些毫无现实意义的问题，总是无休止地思考下去，尽管患者的逻辑推理正常，自知力也完整，也知道没有必要深究，但无法克制。如天为什么要下雨，人为什么要吃饭，地球为什么是圆的等。

应对思想强迫症的方法是什么？专家建议，思想强迫症患者要进行专业的心理治疗，例如通过醒悟疗法，激发患者自己的灵性、潜能来治愈该病。

情感强迫症

要知道“恋爱强迫症”对你们的恋情可没有帮助，在最常用的分手理由中，“管太多”、“黏太紧”、“太多疑”、“爱嫉妒”可是名列前茅。所以，快来检查一下，你有没有以下潜在的强迫症倾向。

现象：每天查一次岗，关心对方行踪。

可能升级症状：每天查岗的电话或短信超过个位数。“现在在做什么？”“今天几点回来？”……就像在监视对方一样，但如果不掌握对方的所有行踪，你心里就会觉得不舒服。

不管身在何处，一天24小时、一年365天，只要你想，都会立即主动联系对方（哪怕对方可能在开会或是在睡觉）。甚至索性给对方买一个你们联络专用的手机，每天在固定时间打电话、发短信。有些人即使分了手，也会持续打那种沉默电话，或者发空白短信等。

现象：恋人没有立刻回电时，心里隐隐冒火。

可能升级症状：死命拨打到他接为止。即便没什么大事，无论最后拨打没拨打到，无论对方是否有正当理由，都会大发雷霆，质问不休。

现象：恋人接到任何电话，都会看似随意地问一句：谁打来的？有疑问时还会进一步追问。

可能升级症状：慢慢发展成会登录对方邮箱，偷看他的手机通话记录、收件箱或者发件箱。一旦发现是异性打来的电话或者短信，有可能越俎代庖自己回过去，并盘问关系等。对方要是和别人很亲近（无论同性还是异性），就会感到不满、失落。虽然没有任何证据，仍总怀疑对方有第三者，并且坚信自己所谓的“第六感”，甚至有过跟踪对方的行为。

现象：要求一一见过对方的朋友、同事。

可能升级症状：根据自己对那些人的印象，逐渐发展成干涉对方交友。例如限制对方和你不喜欢的某个人继续交往下去。

在上述种种由一些小习惯可能导致的爱情强迫症中，我们发现，患者大致有以下三大共性：害怕寂寞；嫉妒心、猜疑心重；不自信。专家认为，所谓爱情强迫症患者，其实是想用各种不同的方式来证明自己在情感关系中的存在感。

被“爱情强迫症状”缠上如何自疗？

1.录下对方的爱情表达，需要时拿出来听

对方说“我爱你”时，用手机录下来；对方写给你的情书，也随时带在身边。如果心里有了疑虑，“是不是他不像以前那么爱我了？”为避免和对方直接纠结，听听、看看那些甜蜜的表白吧。爱情强迫症之所以发作，是因为内心情绪不稳定，如果能得到温柔安抚，就能得到情绪满足。

2.改变思维模式

有爱情强迫症倾向的人，往往有这样一个心理前提：我这么做都是为了他好。赶紧把这个肯定句改成疑问句吧：我这么做都是为了他好？还是让自己多花点时间了解他真正的需要吧。

3.不要忘记闺密

之所以中了“爱情强迫症”的招，有时就是太过以对方为中心，围着对方转，而没了自己的圈子。难得见次闺密，不是心不在焉，就是只顾自己滔滔不绝在说话，十句里至少五句离不开“我男朋友怎样怎样”……请不要再以“重色轻友”为荣了，让自己不要再为“男友希望跟我一起吃饭”这样的理由，推掉一个事先答应好的闺密会面。

4.控制自己的呼吸

呼吸受情绪的影响很大，快乐的时候、放松的时候，呼吸会很自然变得深沉而悠长。这样可以为自己的身体获取大量的氧气，有助调适身心。而当你觉得不安、寂寞、烦躁、焦虑的时候，呼吸就会变浅，而且急速。

所以，如果经常深重悠长地呼吸，身心都会得到放松。建议采用“腹式呼吸”法。方法是用鼻子呼吸，吸气时，肚皮胀起；呼气时，肚皮缩紧。在练习的过程中，会慢慢习惯成自然。更有效的办法，是按照吸气—屏住呼吸—吐气分别为 1:2:1 的时间长度进行呼吸。如果你能为自己身体获取大量的氧气，情绪的控制会变得容易多了。

密码强迫症

所谓密码强迫症，顾名思义则是人们经常会忘记密码而感到精神疲惫、神情恍惚，甚至产生了很严重的心理障碍。许多患者就因为要经常提醒自己记住密码而得了强迫症。另一些人经常被密码的难度搅得不得安宁，设置得太简单易记但怕被盗，设置得过难自己又记不住，久而久之心理变得焦躁、忧虑。

晓明目前手上的各类密码竟然有近百个，他时常为记不清这些密码而烦恼，每当要输入密码的时候，脑子里就像乱糟糟一团麻绳一样，毫无头绪，而且越想就越头痛。

从前两个月起，晓明的脑子里就充斥着一大堆混乱无序的密码，而且时常感觉到腰酸背痛，睡眠也不好，甚至还影响到了工作。

每天晓明一到单位开电脑提示先得输入密码；查阅电子邮箱，也需要输入密码。翻开钱包，里面有 9 张银行卡，每张卡都有查询密码和交易密码，还有网银密码、交易“U 盾”密码、电话银行密码等。

此外，晓明还有信用卡、炒股基金卡、商场会员卡以及每天需要登录的 QQ、微博、微信等通信工具，以及淘宝、卓越、当当网等网站密码。掐指一算，他差不多有近 70 个密码。而这些都是日常生活需要经常使用的密码。

说实在的，要记住这么多个密码，还真不容易。但晓明的记忆力算强的，他平时记一些朋友的门牌号码、手机电话号码之类的，凭记忆就能“随口拈来”。可是现在这些密码比手机号难记多了。而且各家要求的密码长度不一样，有长的，有短的。有的必须是数字，有的要求必须穿插字母，有的要求密码区分字母大小写，甚至有些密码是字母与数字甚至横线之类的符号“混搭”。

时间久了，不出问题才怪。上个星期天晓明在某超市买东西，用的是某银行的信用卡。结果连输两次密码都输错了，急得他满头大汗，最后只能打手机向老婆求助，可是第三次还是输错了，只好无奈放弃购买。还有最近这两天，他总是搞不清楚哪个是QQ密码，哪个是微博密码，哪个是微信密码。有时候已经固定使用了某个密码，结果登录时系统显示在异地登录或者有被盗风险，建议他更换新的密码。新的密码不能跟之前的密码一样，结果他又得煞费苦心地想一个新密码，烦不胜烦！现在，每次只要他登录时需要输入密码，都会记不清究竟是哪个密码，想到就头痛，还经常因此做噩梦。

前几天晚上晓明就做了个有关“密码”的噩梦。他站在家门口按门铃。电脑音提示：请输入密码。他输了一个密码进去，电脑说：密码错误。又输了一个，还是错误。这时他看到老婆在门里站着冷冷地说：请输入密码……

从上述案例可以看出，晓明属于典型的密码强迫症。

随着日常生活中越来越多的领域都要求人们经常使用密码，纷繁的密码信息日益困扰着现代都市人群。而且，在一些媒体上“专家”经常会出来提醒人们密码要经常换；避免用手机号、生日等。于是，这种心理防御机制在竞争的高压下表现得日益脆弱和紧张，焦虑和恐惧常常困扰着人们。显然，密码强迫症是由于现代社会节奏太快，数字化发展迅速所引发的。

还有一类人可能曾经被他人破解过密码，于是在“一朝被蛇咬，十年怕井绳”的心理作用下，就把个人的所有信息，无论是否必要都设上密码。

因为密码混乱而会出现情绪压抑、焦躁不安等症状；严重的，还伴有头痛、眼花、神经衰弱等症状。这些其实是强迫记忆所带来的心理障碍，是心理防御意识过强的一种不正常表现，若调节得不好，密码强迫症可能会演变成一种伤害性的情绪。

怎样预防密码强迫症？

1.加强自我调节

保证足够的睡眠，注意个性的自我锻炼，真诚信任他人，克服遇事过于谨慎、优柔寡断、胆小怕事等不良个性。

2.注意环境改造

创造一个宽松、丰富而有规律的生活环境和生活制度，使大脑皮层能恢复和保持良好的功能状态。

3.充分合理设密

按信息的重要性设置密码，可以将不同信息的密码适当归类设置，把复杂问题简单化。例如，将涉及理财的同一类密码设为奇数，将涉及社会生活信息的密码设为偶数。此外，还可以使用最原始最简单的办法，把所有密码记到本子上，备份到电脑文件夹里。

与强迫症和平相处的八大原则

学会接受自己的优点和不足，不要厌恶和责备自己，不要因为强迫行为而痛恨自己，这是强迫症患者首先要明白的事。想象一下，你的强迫症是个哭闹不休的孩子，你越是打骂、斥责，他心理越是变本加厉，如果你温柔地对待他，愿意理解、倾听他，情况就会有不同。

所以，不要着急一下改掉自己的强迫症，要先学着跟病症和平共处。

1.放松紧张的神经

过于紧张会让事情变得更糟糕，大脑进入强迫思维的死循环，尽量放松地看待自己容易产生强迫的事情。运动是最好的身体放松法，全身心投入运动中去，让整个身体活跃起来，大脑也会多分泌“愉快素”，一次大汗淋漓的跑步结束后，你或许就会觉得身轻如燕，烦恼全无。

2.试着接受不完美

对于不触及原则的细节问题，让自己更随意一些。可以有意识地锻炼自己在细节方面的宽容度，例如在根本不可能收拾房间的环境里待几天，要知道，不够干净，有些凌乱，并不会毁掉你的人生。

3.多跟别人交流

不要把强迫症当成阴暗的秘密一个人默默承担。经常有人把强迫症放在心里，不断折磨自己，因为他以为患有心理疾病是件难以见人的事情，如果承认了，仿佛自己就比别人低下。强迫症患者强烈的自尊心让他们封闭了对外交流的通道，那么心中的秘密会膨胀、发霉，得不到释放，精神世界就成了高压锅，谁也经受不起这样的煎熬。去跟别人说说话吧，不要害怕别人会因此看不起你，将心中的困扰倾诉出来，才是最重要的。

4.不问过去，活在当下

不去追究过去的生活经历，而是把注意力放在当前，从现在开始，让现实生活充满活力。

5.充实自己，重视行动

强迫症不过是情绪变化的一种表现形式，是主观性的感受。积极地去行动，多参加实践活动，让生活充实起来。因为“行动改变性格”。

6.生活中指导，生活中改变

在实际生活中像正常人一样生活，同时改变不良的行为模式和认知。在生活中治疗，在生活中改变。

7.陶冶性格，扬长避短

性格不是固定不变的，也不是随着主观意志而改变的。无论什么性格都有积极面和消极面。神经质性格特征亦如此。神经质性格有许多长处，如反省强、做事认真、踏实、勤奋、责任感强；但也有许多不足，如过于细心谨慎、自卑、夸大自己的弱点，追求完美等。应该通过积极的社会生活磨炼，发挥性格中的优点，避免性格中的缺点。

8.每天都有幸福感

这世界上，如果说有什么事情是我们必须做的，那就是找到幸福。强迫症患者尤其要记住这一点，你的幸福感是最重要的，而不是成功。事实上，等你感到幸福、满足，带着这样的心态去做事，事情也就做成了，即使做不成，那么你也要知道，世界上并不是只有这一件事可做。

一个强迫症患者的重生之路

出生在农村家庭环境里的小 A，原本有一个幸福朴实的家庭。父亲村里村外远近闻名，乐于助人，但对子女却家教很严，非常重视子女的教育，希望孩子们将来有出息，能够出人头地。小 A 的性格内向、敏感而脆弱，但学习很好。在严格的家庭教育之下，小 A 从小学到高中成绩一直名列前茅。在老师、父母、亲朋好友眼中是一个名副其实的好学生，并且都肯定地认为他将来会前途似锦。

小 A 的学习热情丝毫不减，对读书追求新知的兴趣也是越来越浓烈，随着学习任务的加大，对自己的要求也越来越高。

在高二那年，小 A 突然开始出现阶段性失眠，当时他并没在意。但是以后的日子里，失眠的情况越来越频繁，足足困扰了他一年之久。那段时间小 A 觉得真是噩梦般的日子，但是对学习顽强的意志力让他坚持住，使得学习成绩没有下降。

后来，小 A 在一本书上看到森田疗法能够治疗失眠，就采用其中讲述的方法进行，彻底走出了失眠强迫症。

不再受失眠的困扰，小 A 变得更加自信，认为没有什么困难是不可以战胜的。于是给自己定了更高的目标——非北大不上。回顾小 A 的学习生涯，无论他在乡下学习期间还是在县城读中学，一直是班级的优等生，同学中的佼佼者。当然，在他取得良好的学习成绩的背后，努力和压力是少不了的，小 A 也常常感觉压力沉重，但是为了心中的目标，他依然坚持不懈，曾经靠着个人勤奋打破了一个学期从全年级第三十名提升到第五名的“纪录”。

小 A 的家人看到孩子学习刻苦，并且取得了较好的成绩，也对他抱有很大的期望，如果小 A 能够考上北大，那真是一件光宗耀祖的事。

谁知命运仿佛故意弄人，虽然小 A 怀着很大的期待和热情备战高考，对学习内容也做了充分的准备，可因为偶然因素，小 A 落榜了。结果是，他的成绩只能进入北京的一所普通院校。无奈之下，小 A 只得带着遗憾进入了大学。

大学生活在小 A 看来完全与自己的想象相去甚远：一个全新的环境让他感到无所适从，曾经再也不用像高中那样拼命，在大学里收获爱情，增长能力等所有美好的梦似乎都破灭了。摆在他面前的是残酷的现实环境：很重很重的家乡方言让他在宿舍的兄弟们中间变成了“另类”，尽管他刻意地训练自己说普通话，但总是感觉非常奇怪。同学们为此经常学着模仿他的口音说话，虽然没有恶意，但是小 A 也觉得不自在。

从小以学习成绩好而自居的小 A，无法容忍在说话这个问题上落于下风，所以他暗自下决心将普通话彻底攻克。其实，这时的小 A 如果能正确看待自己，和同学们沟通好，可能就不会导致后来出现的一系列问题了。

在争强好胜的心理驱使下，小 A 开始疯狂地练习普通话，并且发誓不说好普通话不罢休。于是，在英语课上，他背新华字典，练普通话；在自习室里，他背新华字典，练普通话；在宿舍里，他背新华字典，练普通话，甚至吃饭时、走路时也都在训练着普通话。他每天会对一个发音重复无数次，停不下来，大脑也完全不受自己控制。他练普通话已经走火入魔了！从大二到大四的三年里，小 A 都被练普通话牢牢地套住了，原本轻松美好的大学生活就这么被强迫症所占据。大学四年，小 A 感觉像行尸走肉一样，没有朋友，没有学到东西，课堂上注意力难以集中，甚至连校园环境都没有时间去欣赏一下。在同学面前，小 A 伪装着自己，他的同学并不知道他得了强迫症，只是觉得他的嘴里老是不停地发着什么音，像个怪人。

小 A 在教育学与心理学专业课上了解到自己患有的这种毛病被称为强迫症。他曾专门找老师咨询，但是基本没有什么帮助。

大学毕业后，小 A 进入了上海一家知名的网络公司。担任销售的他每天不停地忙着工作业务，想让自己彻底摆脱强迫症的困扰，但仍然无济于事。由于强迫症的存在，他在工作中的业绩一塌糊涂。

小 A 被强迫症折磨了八年，没有业绩，没有知己朋友，没有女朋友。渐渐地，他对未来开始绝望，经常酗酒，甚至有想自杀的念头。有时候他觉得自己已经摆脱强迫症了，但是过一段时间又不由自主地不受控制了，并且比原来更严重。不但如此，他还出现了严重的强迫思维，一整天穷思竭虑，想一些诸如究竟是鸡生蛋还是蛋生鸡这类无聊的问题，并且脑子完全停不下来。对任何一个问题他也会花几天时间去思考，到后来发展到不能遇到问题，一遇到问题就无止境地疯狂思考，直到累得精疲力竭。

强迫症真的无法战胜吗？小 A 不停地问自己。虽然小 A 偶尔会有自杀的想法，但是极其短暂，性格中的积极因素让他坚信，一定能找到正确的解决强迫症的方法，让自己走出来。后来，他认识了一位曾经患过强迫症的心理医生，在医生的帮助下，用了 5 个月的时间，小 A 终于从强迫症的困扰中走了出来。

重回生命的美好中的小 A，感到全身无比畅快轻松，重新体验到了久违的自由和解放。新鲜空气、明媚阳光、身边的美景、各种美食，这一切都让他觉得生活无比美好。而在此之前，这些美好的事物似乎都不存在一样。小 A 深有感触地说："强迫症其实没什么大不了的，它完全能够战胜！"

与强迫症成功做斗争的小 A 后来在谈起自己的经历时说："我感觉我的心灵成熟了很多。原来我凡事以自我为中心，很少照顾别人的感受，其实是不对的。做人是一生最重要的功课，只有别人认可你的为人，你才有可能取得成就，获得圆满的人生。我现在把真诚放在第一位，与人相处时尽量做到无私、宽容、包容、诚实守信，所以我现在的朋友渐渐多了起来。在做事上，我认为要放弃原来的极端主义，不要想把任何事情都做到完美，因为这个世界本不存在完美。另外，要根据自己的能力、兴趣、经验等制定适宜的目标。在心态上从容、淡定一些，保持身心平衡。活在当下，努力过好每一天，这才是最重要的。"

通过小 A 的故事，我们对强迫症有了一个科学而客观的认识：强迫症的内因来自于个人本身，完美主义、争强好胜、凡事走极端、敏感、内向等性格因素是其诱因，而外在的环境只是外因。所以，我们不必对强迫症心存恐惧。其实，强迫症是完全可以战胜和治愈的！

强迫症的森田疗法

1920年，日本慈惠医科大学森田正马教授创立了一种适用于神经质症的特殊疗法，被称为森田疗法。该疗法主要的适应症包括焦虑症、恐惧症、强迫症、疑病症、神经症性睡眠障碍等。

森田疗法是治疗强迫症比较好的方法，其疗法宗旨是“顺其自然，为所当为”。简单来说，就是凡事顺其自然，遵从事物运行的客观规律和法则，摆脱消极情绪和心理体验，学会接受和接纳各种症状的出现，把心思放在应该去做的事情上。

森田疗法不仅在日本医学、心理学独树一帜，且影响远播，成为有世界影响的一个治疗体系。其顺其自然的治疗原则，比较适合于东方人。目前，森田疗法这种传统思想的心理疗法不仅风行于日本，而且也受到欧美学者的关注。如今已广泛应用于正常人的生活适应及改善生活质量中。

关于森田疗法，还有一个有趣的故事：

相传森田先生在童年时期就患有“学校恐惧症”。他出身于日本高知县农村的小学教师家庭，从小被父亲严格管教，5岁就被送去学校读书，每次放学回家，父亲便叫他背诵古文和史书。如背不完，便不让睡觉。这让小森田渐渐地厌倦学习。每天早晨，哭闹着不去上学。

在森田7岁时，他的祖母去世了，其母亲因悲伤过度曾一度陷入精神恍惚的状态，接着第二年祖父又相继过世。有一次，森田偶尔在日本寺庙里看到了彩色地狱壁画，立即感到毛骨悚然。他看到图中人死后下地狱的惨状，有的在上刀山，有的在下火坑，有的在进血池等。这些可怕的场面在森田幼小的心灵中留下了深深的烙印。

这一系列因素导致森田自幼就有明显的神经质倾向，他曾在其著作《我具有神经性脆弱素质》中提到：他在 12 岁时患有夜尿症，为了不弄湿被褥，总是铺着草席睡觉，但内心十分难过和自卑。后来他听说当地很有名望的坂本龙马先生小时候也得过这种病，这才聊以自慰，心情好了许多。他在 16 岁时患头痛病，心动过速、容易疲劳的症状让他总是忧心忡忡。在高中和大学初期，他经常神经衰弱，经过医生诊断为神经衰弱和脚气病，经常服药治疗。上大学时，森田还因父母两个月未给自己寄生活费而感到气愤，甚至当着父母的面想要自杀。他认为父母不支持自己读书，于是暗下决心拼命学习。在此期间不吃药，不治疗。最后，他竟取得了想不到的好成绩，而随之他的脚气病和神经衰弱等症状也不知什么时候奇迹般地消失了。

这些个人经历，成为森田疗法理论基础的内容。所以，森田疗法的理论体系不是出自某种理论的延伸或实验室的结论，而是来自他本人的神经症体验和自己多年的临床实践经验的总结。

森田疗法的核心理论是“精神交互作用”说。森田认为：“所谓精神交互作用，是指对某种感觉如果注意集中，则会使该感觉处于一种过敏状态，这种感觉的敏锐性又会使注意力越发集中，并使注意固定在这种感觉上，这种感觉和注意相结合的交互作用，就越发增大其感觉，这一系列的精神过程称为精神交互作用。”该作用常是神经症形成的原因。所以，精神交互作用加上人的暗示作用，就会出现各种各样的奇异感觉。

大部分思维强迫症患者在产生强迫观念时，似乎感觉不到，而当到达顶点时，强迫观念强度则最高，所以患者会常常感到痛不欲生。在这种心理状态下，人想到什么就会认为是什么，而这些认为往往是非客观的。这就要求强迫症患者遇到强迫观念时，千万要警惕“精神交互作用”，凡事只要做到顺其自然，这样强迫观念就会逐渐自然消失。

九
解码心殇：
14 种心理障碍的自我疗愈

【本章关键词】

微笑型抑郁症 焦虑 急躁 自卑心理 多疑心态 羞怯心理 压抑心理 嫉妒心理 自闭症 心理疲劳 神经衰弱 睡眠障碍 疑病症 双相障碍

村里有个守夜人，夜间巡逻的时候他就大喊 AIL is well，我们便睡得很安稳。后来才知道也有过小偷，不过那守夜人晚上看不见，他就只喊 AIL is well，我们就觉得很安心。

这是电影《三傻大闹宝莱坞》男主角兰彻讲的一个故事。

兰彻说，从那天起他明白了一个道理，

其实我们每个人的内心都很脆弱，但总能找到让它强大起来的方法。

总觉得自己矮人半截的自卑感

自卑是指自我评价偏低、自愧无能而丧失自信，并伴有自怨自艾、悲观失望等情绪体验的消极心理倾向。自卑的人常常过分夸大自己的缺陷，甚至毫无根据地臆造出许多弱点，拿自己的短处比别人的长处，不能冷静地分析自己所受的挫折，不能正确地对待自己的过失，不能认真地思考别人对自己的期望，也不能客观地理解别人对自己的评价，对那些稍加努力完全能够完成的任务也轻易放弃。

李蔚是一名 17 岁的高中生，她是单亲家庭的独生女儿，个子高挑，五官秀丽。李蔚在学校自觉遵守纪律，没有任何迟到、旷课的现象。上学、放学喜欢一个人独来独往，在教室往往也是一个人独自在座位上发呆，很少与同学交谈，上课经常开小差，心不在焉。平时遇到老师同学也不打招呼，老是想着回避他人的目光。总之，那副楚楚可怜的样子与她漂亮的外表极不相称。

李蔚的童年是幸福的。父亲是市桥电机厂的职工，母亲是幼儿园的老师，虽然经济上并不很富裕，但那种小康生活让一家人其乐融融，这时，聪明伶俐、活泼可爱的李蔚被父母视为掌上明珠。然而一场意外在小李蔚读五年级的时候发生了，她的妈妈在一次交通事故中不幸身亡。这一打击犹如晴天霹雳，给年幼的李蔚带来重大的创伤。以后，李蔚变得郁郁寡欢，不愿与他人交往，越来越不合群，学习上也因自卑孤独而使成绩一落千丈。随着后母的出现，李蔚这种情况更加变本加厉。

自我评价过低是自卑的实质，表现在自卑者对自己的生理条件如外貌、身高等，以及对学习、交往等各方面能力的评价上，认为自己明显不如他人，因而不敢与人交往，缺乏应有的气魄和胆量。

有生理缺陷或智力缺陷的人易产生自卑。因为有缺陷，对自己的认知产生了偏差，认为其他各方面也比别人差，即出现了泛化。自我认识不足和过低的期望是形成自卑心理的最主要原因。自卑者在认识自己时，通常都是建立在不正确的社会比较上，他们习惯于拿自己的短处与他人的长处比，越比越觉得不如别人，从而形成了自卑心理。自卑者在活动中对自己的期望也过低，在任何活动之前，由于认识不足，他们常有一种“我很难成功”的消极的自我暗示。

自卑感并不是时时处处都会产生。通常产生于失败的体验之后，尤其是经历过多次失败之后，往往就会怀疑自己的能力，失去自信。

自卑感也产生于别人消极的评价，尤其是这些消极评价来自于有举足轻重作用的权威人士时。

一般来说，自卑感的产生与主客观因素和自我评价因素有密切的关系。一些人由于深感自己不如别人，在与人交往或者从事某项事业中必败无疑，于是把自己封闭起来，不参与竞争，不干有风险的事，坚信“安全第一”。越是封闭自己，越是对自己没有自信，造成不良循环。事实上，我们发现自卑的人很少会主动与人交往，在一些有激烈竞争的事业中更难觅其芳踪。

人们常说，过分的自尊就是自卑。有自卑感的人，他们比任何人更注意不让别人发现自己内心的真实想法，因此当他们认为别人可能会发现时，便采用这种争斗的方式阻止别人的了解。人们常发现这种人动辄就会为一件微不足道的事寻找借口衅事。其实，这种矫枉过正的做法，反而暴露出自己的自卑心理。

自卑的人常对自己的决定缺乏自信，便随大流以求与他人保持一致。害怕表明自己的观点，努力寻找他人的认可。自卑者在做了某一件事之前往往会这样想：别人是不是这样的看法？我这样做会让人笑吗？会不会被认为是出风头？在做了事之后，又想：不知会不会得罪人？如果刚才不怎样做就会更好等。

奥地利著名的心理学家阿德勒认为，人类都有自卑感，以及对自卑感的克服与超越。当我们小的时候，看到别人长大而自卑；当我们大的时候，却发现别人比我们更有钱而自卑；当我们有钱的时候，看到别人比我们更年轻力壮而自卑。这样看来，自卑其实并不可怕，从某种程度上讲，自卑也是推动一个人不断自我完善的动力。但是，如果你已经认识到自己的自卑，而不愿意去进行自我突破的话，那么自卑对你来讲就是非常有害的。

在现代社会变化剧烈而竞争残酷的状况下，任何人都会不断地遭到自卑感的冲击，尤其是当以往在许多方面逊于自己的人，如今却优越地站在你面前的时候，你的心理会严重地失衡，那种自卑感更是难以忍受。

阿德勒认为，自卑感并非什么坏的情感，或是变态的征兆。相反，它是每个人在追求更加优越的地位和完美的人生过程中必然要出现的心理反应。关键在于如何对待自卑。

每个人都会有自卑感，但不同的人可能有不同的选择——第一种人自惭形秽，被自卑所压倒，在消沉中萎靡不振，在忧郁的情绪中越陷越深而不能自拔，形成恶性的“自卑情结”。第二种人由于刺激产生了相当强烈的反抗心理，急于改变自卑的地位，不顾他人的利益，极端的自私，形成专注于自我的狂热的“优越情结”。这是和极端的自卑者完全相反的人格类型，由于缺乏社会责任感和合作精神，同时过分妨碍他人，往往也遭到失败的结局。第三种人是上述两者的中间型，他既正视自己的自卑，注重克服和超越，同时需要兼顾他人的利益。

如何战胜自卑？

1.提高自尊，确立内在自我价值感

相信自己有信心、有能力；努力提升自己，形成积极的自我形象；增强积极的自我评价，努力发现自己的优点和长处。

2.客观全面地看待事物

具有自卑心理的人，总是过多地看重自己不利和消极的一面，而看不到有利、积极的一面，缺乏客观全面地分析事物的能力和信心。

3.通过补偿作用“以勤补拙”和“扬长补短”

“以勤补拙”是指勤奋能够弥补笨拙。尽管自卑者有这样那样不尽如人意之处，但只要以最大的决心和最顽强的毅力去勤奋地学习，就一定能克服种种困难，取得同别人甚至是聪明人一样的效果。

4.在积极进取中弥补自身的不足

具有自卑心理的人大都比较敏感，容易接受外界的消极暗示，从而越发陷入自卑中不能自拔。而如果能正确对待自身缺点，把压力变成动力，奋发向上，就会取得一定的成绩，从而增强自信，摆脱自卑。

5.建立合理的目标

要学会正视现实，在可能的范围内去追求自己能达到的目标。如果执意去补偿自己的缺陷，是不可取的。人应当保持这样一种感觉，即“自我良好”。如果一个人认为自己很能干也很有潜力，并将此信念付诸行动的话，就一定会对自己充满信心，前途也一定是很光明的。

羞怯心理让你错失良机吗

羞怯是绝大多数人都会有的一种普遍情绪体验，它是指在社交活动中产生的一种紧张、不自然甚至尴尬的感觉，常常表现出脸红、出汗、心跳加快、说话结巴和手足无措等症状。

羞怯的人都有一定的性格缺陷，如爱害羞、不善与人交往、自尊心强，听到别人对自己的评价很敏感，性格孤僻，对人不信任等。

害羞虽然在某些特定的情境中具有可取之处，如保持身份的隐秘性而具有某种独特的吸引力，可拥有较多的独处机会。但是由于害羞是一种典型内向的性格特征，在现代社会中，它又表现出诸多方面的消极影响，如害羞使人失去了许多社会交往机会，也使人失去他人的鼓励以及自我进取的动力等。

羞怯的人在与人交往时，常常会不由自主地约束自己的言行，神态也显得极不自然，以至躲躲闪闪，手足无措；在交谈时无法充分表达自己的思想和感情，从而影响与人建立正常的亲密友谊。在处理具体事务时，总是过于谨小慎微，没有自己的主见，喜欢按他人的意愿办事，害怕承担责任和受别人的非议。

羞怯的人过分注重自我形象，而又担心、怀疑自己的言行能否得到他人承认、理解和尊重，自尊心强，唯恐遭人窃笑、羞辱。

强烈的羞怯心理影响其人际关系的建立和个性的健康发展，引起心理紧张，使才能不能得到正常发挥；还会导致产生沮丧、抑郁等不良情绪，形成软弱、冷漠、孤僻的性格弱点。严重的羞怯有时会发展为社交恐惧症。

如何克服羞怯心理？

1.要有成功的自信心

只有充满成功的自信心，才能正常地发挥自己的才能和水平；而缺乏成功的自信心，则势必会不安、担心、焦虑、退缩、害怕，势必会影响临场发挥而出现怯场。

2.用自我肯定的认知替换消极的自我谴责的认知

建议你使用暗示法，每做一件事前都提醒自己是最好的，是能做好每一件事情的，以此来鼓励自己。

3.多参加社交活动

可以通过增加参与社交活动的时间，提高人际交往的技巧，减少社交情境中的生理性窘迫。

4.转移注意力，使羞怯心理放松

例如，可以回想与临场活动无关的令自己喜悦的往事一两分钟；可以做深呼吸并数数，但只数呼气而不数吸气，顺序为“吸气—呼气—暂停”，周而复始地进行，以期增强脑内含氧量并使注意力不由自主地集中到呼吸上，从而使精神松弛。

5.要敢于言行

怯于言谈、畏于行动，是永远也成不了大事的。羞怯的人往往事先过多担心言谈失当、行动失误而不敢迈出言行的第一步。因此，在实际生活中，只要是该说的、该做的，就一定要鼓足勇气敢于说第一句话、迈第一步。只有放下精神包袱，敢于言谈、敢于行动，才能逐渐减弱并最终消除不正常的羞怯心理。

为什么我们常常感到压抑

压抑是指心理上感到束缚、抑制、沉重、烦闷的消极心态，是一种较为普遍的病态社会心理。通常表现为心情沉闷、烦恼不堪、牢骚满腹、暮气沉沉。时不时有股无名火，似乎一切都令人生厌，既不能分享他人的喜悦，也不能分担他人的忧愁，对他人的喜怒哀乐无动于衷，难以产生共鸣。失去广泛的兴趣，成天拘泥在自我约束之中，心中似有块石头难以消除，严重时还会有绝望之感。有强烈的发泄欲望和冲动。经常吐怨言、发牢骚，唉声叹气，感觉活得太累；感官变得不敏感，思维显得不灵活。精神萎靡不振，干什么事都打不起精神。

压抑是一种自我否定的心理现象。从心理学角度来说，个人把意识所不接受的，使人感到困扰或痛苦的思想、欲望，不知不觉地抑制到无意识之中，使自己不能意识到其存在，逐渐形成了压抑心理。当压抑变成一种潜意识，就会导致消极、自卑、沮丧、自我封闭和孤僻等病态心理和行为。

压抑感一般在以下几种情景中最易发生：

当某种需要得不到满足，而这种需要又十分强烈却又无可奈何时，压抑感就会油然而生，无论这种需要是合理的还是不合理的，是正当的还是非正当的，是有条件满足的还是根本不可能满足的；当社会的总体要求与自己的愿望和追求相背离时，就会感到受束缚、受压制，但又不能为所欲为，这时也会产生压抑感；当学业、职业负担过大，竞争的压力过重，社会、单位、学校、家庭对自己的期望值过高时，就会感到时时处处力不从心而产生压抑感，这时就会感到焦虑、消沉；当人际关系不协调甚至产生隔阂而又无力扭转时，就会感到无奈、沉重而产生压抑感……

压抑与忧郁不同。虽然忧郁能产生压抑感，压抑也时而会伴有忧郁，但忧郁仅表现为忧愁郁闷，通常没有被约束、被压制的感觉；而压抑则表现为心情沉闷，心里仿佛有块石头压着，有明显的束缚感、抑制感。

如何摆脱压抑心理？

1.学会乐观地看待问题

任何一件事情，从不同角度去观察，就会给人以不同印象，从而发现事情的正面的积极意义。看待社会不能过于理想化，要看到社会成员之间实际上存在不平等的地位和待遇上的差距。人与人不能互相攀比，不能用自己的标准去衡量社会的公平性，而应正视社会、承认差别，努力去缩小与别人的差距。

2.要正确看待自己

遇到挫折，应先从自己的主观方面去寻找原因。要接受自己，确立一种自强、自信、自立的心态。

3.培养多种兴趣爱好

利用广泛的兴趣和爱好以陶冶身心、调节情绪，为自己增加愉快的体验，使自己能不时看到成绩和进展。为自己的情绪寻找合适的出路，如在激动的时候去做体能运动和锻炼；在紧张不安的时候去找好朋友谈谈，倾吐胸中抑郁。

4.让生活充实起来

列出一个工作、学习、生活日程表，包括早练、读书、写作、交友、上街、娱乐等。不论大小事情都列入其中，并认真、专心地去做。假如没有心情编计划，只要先行动起来就够了，你不必等到想做事的时候才开始，因为你没有做事的欲望，可能永远也懒得动。一旦你成功地完成了一项工作，心里就会踏实得多。

5.学会平衡社会、他人与自己的关系

包括平衡需求与能力、社会要求与个人愿望、竞争与奋斗以及人际交往中人与人之间的关系等。多和志同道合的朋友交流，多参加集体活动。在人际交往中要互帮互爱、心理相容，既能悦纳他人，也要被他人所接纳，只有理解并协调好这些关系，才能消除产生压抑感的源头。要主动帮助别人，乐于助人，使自己精神健康。

嫉妒是心灵的地狱

每个人多少都曾经历过嫉妒别人或被别人所嫉妒。嫉妒是一种负性情绪，是指自己的才能、名誉、地位或境遇被他人超越，或彼此距离缩短时所产生的一种由羞愧、愤怒、怨恨等组成的多种情绪体验。它具有明显的敌意甚至会产生攻击诋毁行为，不但危害他人，给人际关系造成极大的障碍，最终还会摧毁自身。

小雅发现，自己越来越讨厌同屋的小芹了。一年前，小雅和小芹同时从学校毕业，分配到这个单位。她们住在同一个宿舍里，很快就成了形影不离的好朋友。小芹活泼开朗，小雅秀丽迷人，二人都不乏追求者。半年后，小芹有了一个人人羡慕的男朋友，而小雅还是名花无主，这让心高气傲的她心里很不是滋味。慢慢地，小雅觉得自己像一只丑小鸭，而小芹却是那个令人讨厌的美丽公主。小雅总觉得，是小芹抢占了自己的风头，于是经常冷眼以待。前两天，小雅得知与自己资历相当的小芹竟然升职了，更是痛不欲生，她简直不愿意再看到小芹。

嫉妒是一种比较复杂的心理，常常伴有焦虑、恐惧、悲哀、猜疑、羞耻、自咎、消沉、憎恶、敌意、怨恨、报复等不愉快的情绪。

嫉妒心理强的人，不能客观地认识自己，角色定位错误，怕别人超过自己。心胸狭窄、鼠目寸光，产生怨恨的心态。

嫉妒是心灵的地狱。嫉妒的人总是拿别人的优点来折磨自己。别人年轻他嫉妒，别人长相好他嫉妒，别人身材高他嫉妒，别人风度潇洒他嫉妒，别人有才学他嫉妒，别人富有他嫉妒，别人的妻子漂亮他嫉妒，别人学历高他嫉妒……

德国有一句谚语：“嫉妒的人会因为邻居的身体发福而越发憔悴。”嫉妒几乎人人都有，它是人们普遍存在的病症。从本质上看，嫉妒心理是一种不健康的心理。无论是何种形式和内容的嫉妒，都有害于保持正常的人际交往及健全的社会生活。严重的还可能破坏人际关系，影响心理健康，阻碍自己的成长。

嫉妒者常会哀叹社会的不公平，眼红别人的成就，不停地发牢骚，对别人的失败感到幸灾乐祸。而讲闲话、爱挑剔也是嫉妒者最常用来掩饰嫉妒的方法，特别是谈论他人的缺点或失败的地方，都可以让当事人感到短暂释放的快感。

如何战胜嫉妒心理?

诺贝尔文学奖获得者、影响深远的20世纪思想家之一伯特兰·罗素在《快乐哲学》一书中谈到嫉妒时说："嫉妒尽管是一种罪恶，它的作用尽管可怕，但并非完全是一个恶魔。它的一部分是一种英雄式的痛苦的表现；人们在黑夜里盲目地摸索，也许走向一个更好的归宿，也许只是走向死亡与毁灭。要摆脱这种绝望，寻找康庄大道，文明人必须像他已经扩展了的大脑一样，扩展他的心胸。他必须学会超越自我，在超越自我的过程中，学得像宇宙万物那样逍遥自在。"

1.克服自私心理

如果自己没有私心杂念，平静地看待生活，就不会产生嫉妒心。客观地观察事物，想一想别人从自己的嫉妒中会得到什么，又会失去什么。

2.认识他人和自己的优势和劣势

知己知彼，正确分析，明了双方的长处和短处，学会在感情的激流中驾驶理智的风帆。这样就可避免嫉妒这种不良情绪浸染到自己的意识中去。

3.要有正确的竞争意识

对他人的成绩与荣誉要正确对待，因为集体中任何人的成绩和荣誉都是集体的。

4.掌握一些心理调适的技巧

例如，为自己的嫉妒列一个清单，看看有哪些方面是由于自己的能力不如对方造成的；哪些方面是由于自己根本没有努力而对方努力了造成的；哪些方面是自己无中生有，只不过对别人本身有看法造成的……通过这样详细的分析，我们就可以看到自己嫉妒的出处，并各个击破。

5.对别人多一份宽容

要培养开阔豁达的胸怀和高尚圆融的精神境界，严于律己，宽以待人，自重自爱，与人为善，不为琐事斤斤计较。可和朋友一起参加丰富多彩的文体娱乐活动，愉悦的情绪可使心灵得到净化，驱散嫉妒心理的阴霾。古代有副对联“欲无后悔须律己，各有前程莫妒人”。经常诵读此联，不断地反省自己，改善自己的品性。

多疑心态是卑鄙灵魂的伙伴

《三国演义》中有这样一段描写：曹操刺杀董卓败露后，与陈宫一起逃至吕伯奢家。曹吕两家是世交。吕伯奢一见曹操到来，本想杀一头猪款待他，可是曹操因听到磨刀之声，又听说要“缚而杀之”，便大起疑心，以为要杀自己，于是不问青红皂白，拔剑误杀了无辜。

这是一出由猜疑心态导致的悲剧。猜疑心理是一种由主观推测而对他人产生不信任感的复杂情绪体验。猜疑心重的人往往整天疑心重重、无中生有，每每看到别人议论什么，就认为人家是在讲自己的坏话。猜忌成癖的人，往往捕风捉影，节外生枝，说三道四，挑起事端。

猜疑是人性的弱点之一，历来是害人害己的祸根，是卑鄙灵魂的伙伴。一个人一旦掉进猜疑的陷阱，必定处处神经过敏，事事捕风捉影，对他人失去信任，对自己也同样心生疑窦。猜疑心理是人际关系的蛀虫，既损害正常的人际交往，又影响个人的身心健康。

有一则很有趣的故事。古代有一个人，丢失了一把斧子，他怀疑是他的邻居偷了。他有心观察，觉得邻居走路、说话、神态都像是偷了他的斧子，他肯定邻居就是小偷。不久，他在自家地里找到了斧子，再观察邻居，觉得他说话、走路、神态竟全然不像小偷的样子。这位丢斧者为什么会对同一个人做出前后两种截然不同的判断呢？这正说明猜疑是一种主观的想象和推测，不是以客观事实为依据的。

猜疑心理是如何产生的呢？

心理不够健康的人常常会歪曲地理解别人善意的、正常的言行。例如，别人赞扬他，他会怀疑是在挖苦、讥讽他；别人批评他，他会怀疑是在攻击他；别人不理他，他又怀疑别人是在孤立他。狭窄的心胸使他（她）无法容纳别人对他的正确评价。

戴“有色眼镜”去观察人的人，用别人的举动来验证而不是修正自己的看法，因而常常歪曲事实，对别人产生怀疑。

缺乏自信的人容易多疑。他们总要以别人的评价来作为衡量自己言行的是非标准，很在乎别人的说长道短。而当别人的态度不明朗时，从不利于自己的方面去猜测、怀疑，自寻烦恼。听信流言的人，也容易产生疑虑。

不管怎样，猜疑都是人际关系的大敌。它会破坏朋友间的友谊，疏远同学或同事间的关系，无端地挑起同学、同事和朋友间的矛盾纠纷，也很影响自己的情绪。生活在猜疑中的人，很容易郁郁寡欢，缺少内心宁静。

生活中我们常会碰到一些猜疑心很重的人，他们总觉得别人在背后说自己坏话，或给自己使坏。有时我们自己也喜欢猜疑，看到别人说笑，便以为他们在议论自己，心里就不痛快起来。喜欢猜疑的人特别注意留心外界和别人对自己的态度，别人脱口而出的一句话很可能琢磨半天，努力发现其中的“潜台词”，这样便不能轻松自然地与人交往，久而久之不仅自己心情不好，也影响到人际关系。

所以，爱猜疑的人，首先要开阔自己的心胸，加强自身的修养，培养开朗、豁达、大度的性格。需要澄清的事实，诚恳同别人交换意见；对鸡毛蒜皮的小事，就不要过分计较。不必过分在乎别人的态度与说法。人生在世，难免受他人的议论，只要时时检点自己的行为，相信别人也不会跟自己过不去。对似是而非的流言，不要偏听偏信，要用理智分析对待，静观事情的变化，切勿感情用事。理智、冷静地对待别人的猜疑，这就是我们应保持的正常心态。

如何战胜多疑心理？

1.进行积极的自我暗示

当正想猜疑或已陷入猜疑，这时可暗示自己：他们这样做是为了我好，他们的行为是善意的，并无恶意，是我多虑了，我应该向他们表示感谢。

2.进行思维转移

即当自己胡思乱想瞎猜疑时，可转移思维去想其他美好的人和事物，这样心情会好些。

3.坚持“责己严，待人宽”的原则

猜疑心重的人，大多对自己要求不高，对别人倒多少有些苛求。如果对别人的要求不那么高，就不会把别人的言行变化看得那么严重，许多无端猜疑就从根本上失去了产生的基础。

4.用理智力量克制冲动情绪的发生

当发现自己开始怀疑别人时，应当立即寻找产生怀疑的原因，在没有形成思维之前，引进正反两个方面的信息。现实生活中许多猜疑，戳穿了是很可笑的，但在戳穿之前，由于猜疑者的头脑被封闭性思路所主宰，会觉得他的猜疑顺理成章。此时，冷静思考显然是十分必要的。

5.培养自信心

每个人都应当看到自己的长处，培养起自信心，相信自己会处理好人际关系，会给别人留下良好的印象。

6.自我安慰法

一个人在生活中，遭到别人的非议和流言，与他人产生误会，没有什么值得大惊小怪的。不要在意别人的议论，这样不仅解脱了自己，而且还取得了一次小小的精神胜利，产生的怀疑自然就烟消云散了。

7.及时沟通，解除疑惑

猜疑者生疑之后，通过适当方式同被疑者进行推心置腹的交心。若是误会，可及时消除；若是看法不同，通过谈心，各自的想法为对方所了解，也有好处；若真证实了猜疑并非无端，那么，心平气和地讨论，也有可能使事情解决在冲突之前。

自闭症：一个人的世界

1943年，美国儿童精神病医生利奥·卡纳在一次研究报告中说到自己观察到一个5岁的男孩唐纳德的奇特症状：他旁若无人地生活在自己独有的世界里，他记忆力惊人，两岁半时就能流利背诵《圣经》23节以及历届美国正副总统的名字，但却分不清你我，不能与人正常对话；他迷恋旋转的平锅和其他圆形物体，对周围物体的安放位置记忆清楚，但对位置的变动和生活中的轻微变化却不能容忍。

这一年，他报道了11名唐纳德式的孩子。他引用了“孤独”这个概念，把这些症状称为情绪交往的孤独性障碍及儿童孤独症。医学上称为自闭症。

这是一种特殊的病，因为它在被发现后的几十年中，人类一直找不到导致疾病的病因和有效的治疗方法。这些得病的孩子仿佛都经过上帝的遴选一样，一个个都异常的纯洁、漂亮。可是，他们却对这个世界上的一切缺乏应有的反应。有视力却不愿和你对视，有语言却很难和你交流，有听力却总是充耳不闻，有行为却总与你的安排相违背。

自闭症儿童都有以下特点：

不会对亲人微笑，如当他的母亲要把他抱起时，他不会伸手做被抱的准备，也不会将身子贴近母亲；社交困难，特别孤独，与人缺乏交往，缺乏感情联系，缺乏与人进行眼神的交流，即使对父母也毫不依恋，如同陌生人。但与陌生人相处，又不感到畏缩。

很少与小朋友一起玩耍，缺乏情感反应，常常说出或做出一些不合社交的事情来；

语言发育迟缓，对语言的理解表达能力低下，无法理解稍微复杂一点的句子，不会用手势表示“再见”。不会理解和运用面部表情、动作、姿态及音调等与人交往。缺乏想象力和社会性模拟，不能像正常儿童一样去玩玩具。

常常坚持重复刻板的游戏模式，如反复给玩具排队，总是拍手，重复性地蹦跳，对自己房间的任何变化都表示反对和不安，如家具的移位、装饰品的变化等。

此外，自闭症的儿童还可能有感知障碍，对视觉、听觉、触觉等多种感觉反应迟钝或敏感。有的存在认知障碍，智力低下，抽象思维能力很差。

越来越多的证据表明，遗传因素、免疫因素、营养因素和胎儿宫内环境因素是孤独症的主要原因。一个孩子一旦被确诊为自闭症，就意味着被社会拒绝和一个家庭痛苦的开始。患孤独症的孩子无法融入社会，势必会给他以后的生存带来不便，家长也会因为孩子而饱受折磨。

目前治疗自闭症的主要方法是教育。教会儿童有用的社会技能，如日常生活的自主能力，与人交往方式与技巧，与周围环境协调配合及行为规范，对公共设施的利用等最基本的生存技能。通过训练，自闭症儿童首先对父母与人感兴趣，然后逐步被社会所接纳，转入正常的生活和学习中。

疑病症：有病没病，傻傻分不清

陈飞是一位马拉松长跑选手。有一天，他在新闻上看到一位队友在大赛中突然倒地身亡，死因是心律失常。陈飞开始为自己把脉，完全沉浸在自己的心律上，偶有跳脉就觉得自己的心脏出现了故障，可能会发生类似灾难性的心脏病。不久，陈飞打算放弃长跑以求安全。这时，一位极有声望的医生为他进行了仔细的体检，认为他的心脏极好，应该把那个意外忘掉，继续跑下去。但是陈飞一点儿也不相信，又去看了别的专家，也没检查出他的心脏有任何问题。可笑的是，这些结果不但没能让陈飞放松，反倒使他更加着急。他觉得那些医生都没有看出问题来，或者看出了问题却又瞒着他。于是，他无法集中精力做自己的工作，开始花无穷多的时间来读医学文献和期刊，或到网上查阅可能的疗方，整天疲惫不堪。

同样的，某化工企业的高级管理人员徐先生，有一次也莫名其妙地认为自己得了病，开始无休止地到处打听求方问药，把自己折磨得痛苦不堪。徐先生是公司里的得力精英，年近中年，但最近他总感到在开车或办公时，出现心前区不舒服。还有件事也刺激着徐先生的神经，他的父亲在前年患心脏病去世，他担心此病遗传。尽管医院检查并未发现问题，但他仍不放心。有一天，他开车时，突然感到心前区疼痛，便叫了急救车。但还是没有查出个结果，徐先生真正困惑了。

我们对自己身体的关心，如注意营养、休息和锻炼，有助于身体健康。但是，如果不仅关注而且忧虑自己的身体状况，仅凭身体的某些主观不适就怀疑自己存在严重疾病，并且不相信医学检查，就对健康无益了。当这种疑病倾向严重影响正常生活时，就发展为疑病症。

疑病症又称疑病性神经症，是一种对自己身体健康状况过分关注、担心或深信自己患了一种或多种躯体疾病，经常诉说某些不适，反复就医，经多种检查均不能证实疾病存在的心理疾病。

疑病症患者一旦怀疑自己患了某种事实上并不存在的疾病，常常会对自身感觉或征象做出患有不切实际的病态解释，致使心生疑虑、烦恼和恐惧。即便有医生的合理解释和客观检查的结论，仍不相信。

对疑病症患者来说，身体极微小的变化都能让他们感到极大的不安，认为患了某种严重的疾病。他们常将一般人并不注意的活动，如心跳、肠胃蠕动等，或对身体某处的一点不舒适的感觉，如轻微疼痛、酸胀等都有很高的觉察力，并对鼻腔分泌物、粪便带黏液、淋巴结肿大、咳嗽等特别关注。稍有一些不适，便感到紧张和恐慌。过分关注自己身体的反应，让他们对身体各种不舒服异常敏感。

可见，疑病症患者是对自己身体的健康状况缺乏科学的认知，这种假想的"严重疾病"会带来烦恼丛生，使人焦虑不安，情绪忧郁，饱受精神上的折磨。

由于疑病症患者富于联想，非常容易接受来自外界的不良暗示，并渐渐发展成疑病症。引起疑病症的不良暗示包括医生的错误诊断，反复检查不能确诊，小病大治，看了一些疾病简介的文章后自己对号入座等，从而破坏了正常的生活秩序。

如何治疗疑病症？

1.要树立正确的人生观

应努力以乐观的态度对待生活，并注意消除自己敏感、多疑、主观、固执、过于谨慎等性格弱点。这些不良的性格特点对疑病倾向的发展起了推波助澜的作用。

2.相信医生的各项检查

正确认识自己的疾病，不是身体上有病，而是心理上有病。努力放下包袱和心理负担。

3.找出病因

患疑病症者多数是由于人格问题。患者人格特征为敏感、多疑、主观、固执、孤独、自怜、自我中心、谨小慎微，通常有较高的忧虑性、怀疑性和敏感性，对身体过分地关注，要求十全十美，过分固执，过分精确，过分坚持。男性患者病前常具有强迫人格，女性则与癔症性格有关。

4.自我调节

要做到在正确的自我评价基础上，主动调节自我的心理不适，充分肯定自己的优势，树立自信心。学会积极的自我暗示，在心理上消除疑病的顾虑。

5.以理性观念克服种种非理性观念

学会用理性去对待和处理困难，鼓励患者通过创造新价值的行动，或把心神转移到感兴趣的活动中去，让自己在创造中感到满足，以正常人的态度过正常人的生活，消除烦恼。

6.热爱自己的工作和学习，并积极参加各种活动，丰富自己的生活

患者应每天坚持体育锻炼，以促进血液循环，使头脑清醒，精神爽快，这样紧张的心理就可以得到充分放松。

微笑型抑郁症：不被看见的眼泪并不代表坚强

任峰从开始上班那天起，就像铁人一样不知疲倦地工作。领导夸他能干，同事都说他能力强，是不可多得的人才。任峰对自己也很自信，有时候甚至有些狂妄。每次完成一项工作，他就会说："这样的工作，对我来说小菜一碟。"在亲人眼里，他是家人的主心骨，是父母的好儿子。然而，只有妻子知道，他最近情绪越来越不好，常常刚刚还在对别人颐指气使，回到卧室就无端地自卑，唉声叹气，还会哭个不停。

心理学上将任峰这种人前信心十足、背后又无端自卑的情况称为微笑型抑郁症。微笑型抑郁症是男性抑郁症患者的典型表现之一。美国心理学会曾指出，与女性抑郁症患者相比，男性抑郁症除了存在失眠、体重下降、情绪低落等共同症状之外，还有其独特的特点——人前狂妄不已、人后偷偷哭泣的微笑型抑郁症隐匿性更强，更不容易被发现。

微笑型抑郁症患者常见于学历高、有相当身份地位的成功人士，特别是高级管理和行政工作人员。在社会生活中，他们往往表现得十分强大，仿佛不知疲倦，不容别人置疑，但内心深处却感到极度痛苦、压抑、忧愁和悲哀。这是因为，男性受传统价值观的束缚，要求扮演坚毅强壮的角色，能扛得住所有的压力。

有心理专家指出，微笑型抑郁症比一般普通的抑郁症危害更大。一般而言，患微笑型抑郁症的人都是较优秀的人，他们为了维护自己在别人心目中的美好形象，会刻意掩饰自己的情绪。而当承受的压力大到再也无法承受的时候，他们的反应也是巨大的，可能会从一个极度自信的人变成一个非常自卑的人，甚至会怀疑自己各方面的能力。这时候，人的神经系统可能会受到一定的伤害。

更为严重的是，有些到了重度抑郁症程度的患者，为了实现自己自杀的目的，有意识地掩盖自己的痛苦体验而故意表现出自己强大的一面，以此逃避医生和亲友的注意。他们的行为颇具表演性质，与他们的情感体验缺乏内在的一致。正是因此，这种抑郁症患者更难被发现。

微笑型抑郁症虽然危害很大，但是，因为抑郁症的治疗是一个长期过程，所以，在每个阶段，自己最好能通过各种方式进行调节。最重要的是记住学会给自己减压。如果自己调节成功的话，是有可能规避微笑型抑郁症的。

同时，如果你身边有这类压力大的精英男性，要特别留意他们的举动。

首先，亲人和朋友要多陪伴他们，少让他们落单；并且要学会倾听和理解，主动让他们说出不快，帮助他们分担内心的苦闷；

其次，倘若你身边有男士不幸出现了抑郁症的倾向，就要鼓励他们及时就医。同时，要尊重与维护病人的自尊，帮他们保密，并让他们知道，再强的人也需要休息和放松。

焦虑障碍：难以舒展的眉头

焦虑是人面对危险、威胁，面对需要改变或满足的情形无能为力，只有静候结果时产生的一种情绪状态；是指一种缺乏明显客观原因的内心不安或无根据的恐惧，预期即将面临不良处境的一种紧张情绪。

焦虑表现为持续性精神紧张（紧张、担忧、不安全感）或发作性惊恐状态（运动性不安、小动作增多、坐卧不宁或激动哭泣），常伴有自主神经功能失调表现，如口干、胸闷、心悸、出冷汗、双手震颤、厌食、便秘等。

焦虑在心理上使人感到紧张不安和某种程度的不快，从而力图摆脱。患有焦虑症的人做事常常任由情绪支配。不能平静自如地应付来自生活的种种挑战，在困难面前惊慌失措，在挫折面前一蹶不振。敏感、多虑、缺乏自信、烦燥易怒、紧张、坐立难安，总是提心吊胆、患得患失，是焦虑症的典型特征。

心理学家贝克曾经指出，焦虑的特点是使人具有一种脆弱感。感受焦虑者总企图回避生活中出现的冲突。每每经历失败之后，恐惧、紧张和无助感加重，导致强烈的心理应激反应。可以说，焦虑是对恐惧的恐惧，对担忧的担忧。长期的焦虑会使自尊心与自信心受挫。

作为心理问题的焦虑，与在各种活动中出现的正常焦虑不同。正常的焦虑人皆有之。引起焦虑的刺激即使反复出现也可逐渐适应而最终不再引起焦虑，至少可以由于逐渐适应而减少焦虑反应。而焦虑心理问题则对引起焦虑反应的活动难以适应，且有愈演愈烈的倾向，同时对活动的细微末节也极为敏感，以至于终日烦躁不安而难以自拔，使人失去一切情趣和希望。

如何战胜焦虑心理障碍？

1.调整心态，正确对待焦虑

要明白适度、正常的焦虑人皆有之，当焦虑来临时不要害怕，调整好自己的心态，勇敢地面对。对于日常生活事件坦然处之，凡事无须斤斤计较。正确对待利害得失。不要把得失看得高于一切，否则就会为其所累，整日耿耿于怀而焦虑不安。

2.增强自信心

缺乏自信心，势必会在遇到困难的时候，为暗淡的前景所困扰而处于过高的焦虑状态。

3.避免自尊心过强

自尊心过强，就会把什么都看得过重，生怕受人轻视或讥笑，往往患得患失。

4.放松法及时转移注意力

当焦虑产生时，可适当远离焦虑情景或事物，可采取诸如聊天、参加体育或娱乐活动来控制焦虑。放松训练法可以消除紧张情绪，如唱歌、听轻音乐等。

5.培养良好的个性品质，提高社会适应能力

脚踏实地地做现在该做的事情，把期待留给将来。培养自己坚强、独立、忍耐的品格，设定实际的目标，不好高骛远，不过分追求完美，就可以缓解焦虑。

每天像热锅上的蚂蚁般急躁

急躁是指遇事焦躁不安、心烦意乱的人格表现缺陷。急躁是一种性格反映，是一种心态，是对人、对事的看法、态度、要求，是情绪化的比较激烈的表现。急躁的人往往缺乏定性，凡事恨不得立即办成。急于达到目的，又常常不能控制自己的情绪，激动不已，躁动不安，急躁情绪积累多了，便成了心理问题。

急躁往往伴有强烈的外部表现，如心急如焚、焦虑、心神不宁、惴惴不安；遇事慌慌张张，不能定心做事情，不能冷静地分析现状，莽撞行事，结果通常是事倍功半或事与愿违。急躁的人缺乏耐心，沉不住气。一旦未达到目的，就不能控制自己的情绪，激动不已，躁动不安，发怒甚至暴跳如雷。如果急躁心理过度，就会伴有身体的反应，如经常疲惫、神经脆弱，有时失眠或经常性头痛。长期的急躁还会造成人格的缺陷，如缺乏韧性、不能坚持等。

急躁往往和易怒联系在一起。性情急躁的人由于自我抑制能力较差，容易情绪失控，常常表现出特有的情绪激昂，有时甚至大发雷霆，与人争吵。

急躁作为人格表现缺陷方面的一般心理问题，其情景性同样是很明显的，即一般只有遇到与自己切身利益紧密相关或与维护自尊和自身形象紧密相关的事情时，急躁性格才会显露出来，而与自己的切身利益、自尊等无关的事，可办可不办的事，或虽与自己的切身利益、自尊相关，但目前无法办成，其相关紧密度又不是很高的事，或与将来的切身利益、自尊紧密相关，但如今无伤大雅的事等，则通常不会表现出急躁的心情。

当然个性特质也是产生急躁心理的原因之一。个性特质主要是指人的性格，像人们常说的，有的人是急性子，有的人是慢性子；有的人脾气躁，有的人脾气温和。这些虽然有后天因素的影响，但基本属于遗传因素。

如何控制和缓解急躁情绪？

1.注重自身素质和性格培养

急躁是一种简单的线性思维方式，是一种暂时的心理过程，也是没有耐性的表现。克制急躁性格，摆脱急躁情绪，是一个不断修养自身、完善自己的过程。努力培养遇事不慌，处变不惊，面临大事能够冷静、镇定和从容地加以处理的素质。

2.转移注意力

脾气急躁就意味着感情容易冲动。当引发急躁脾气的情景出现时，如果立刻转移注意力，把注意指向与此情景不相干的对象，或者立刻离开情景场合去从事自己感兴趣的活动，则往往就能在时过境迁后使心情平静下来。

3.增强自制力

矫正急躁脾气最重要的方法还是不断提高自制能力。当然这不是一朝一夕所能奏效的事，但只要持之以恒，把每次出现的引发暴躁脾气的情景当作机会，不断地锻炼，久而久之，必定能逐渐提高自制力而控制暴躁脾气。

4.行动中时刻保持清醒，多分析，细思考，三思而后行

遇到不顺的情况，首先借助自制力，提醒自己尽快冷静下来，控制情绪的进一步发展。

5.自我暗示法

当急躁情绪已经产生时，要及时进行心理上的自我放松，鼓励自己“不要急”，暗示自己“这件事根本就不值得着急”，“着急会把事情办坏”等。通过这种心理上的自我放松，使冲动和急躁的心情平静下来，心情平静后，再从容不迫地进行工作。

压力下的心理疲劳

心理疲劳是指因心理精神原因而非生理躯体原因导致无精打采，懒散无力，使反应速度、灵活性和准确度降低的心理机能的消极状态。心理疲劳常常带有主观体验的性质，并不完全是客观生理指标变化的反映。对于产生心理疲劳的人，轻者出现厌恶、逃避工作、学习、生活的症状，重者还可出现抑郁症、神经衰弱、强迫行为以及诸如开始吸烟、酗酒等生活习惯改变的现象。

心理疲劳通常表现为自感体力不支、精力不济、反应迟钝且伴有注意力不集中、思维不敏捷等症状。情绪低落，对事物失去兴趣，体会不到生活的乐趣，学习和工作效率降低，逐渐丧失生活目标和意志力。经常表现出浮躁、厌倦、忧虑等不良心理状态。精神压力过大，甚至可能导致人体生理健康防线全面崩溃，出现疾病。

心理疲劳是由于长期的精神紧张压力、反复的心理刺激及复杂的恶劣情绪逐渐影响而成，如果得不到及时疏导化解，会造成严重的精神疾病。

心理疲劳一般发生在以下两种情景之中：一种是活动中紧张程度过高，致使心理活动异常、心理机能降低而显得不堪重负，难以承受精神压力而疲惫不堪；另一种是长时间从事单调、乏味而令人厌烦的活动，致使兴致索然、情绪低落、活力降低、举步维艰而烦躁懒散、疲惫无力。

心理疲劳与生理性疲劳、病理性疲劳不同。生理性疲劳与病理性疲劳尽管同心理疲劳一样也会导致工作能力减弱、工作效率降低、错误率增加等后果，但都是一种自然性防护反应。生理性疲劳是由身体的肌肉承担高强度或长时间的活动造成的，削弱的主要是人的体力，其表现是肌肉疲劳；病理性疲劳是由各种疾病引起的，削弱的主要是人的相应的躯体机能，其表现是体虚乏力。心理疲劳削弱的是一个人的心理机能，其表现是精神疲乏。

如果改善心理疲劳症状？

1.放松神经

不要使自己无休止地处于紧张状态之中。人对自我要有一个客观正确的估计和要求，不能对自己要求过高过急，凡事要讲求适度，根本办不到的事不要硬拼蛮干，避免长期超负荷运转。在从事脑力劳动时要聚精会神，劳逸结合，学会调节，如伸懒腰、观景象、听音乐，待精力充沛、头脑清醒时再继续工作。

2.保持积极情绪

尽可能避免产生应付式的心理活动而使自己情绪低落、抵触，更不能带着逆反心理长时间机械地去从事单调乏味的活动。不要害怕承认自己的能力有限，学会在适当的时候说“不”。

3.保持乐观的心态

遇事多向前看，心情要尽量舒畅，做到遇高兴的事不要过于乐，遇困难的事不要过于忧。健康的开怀大笑是消除疲劳的最好方法，也是一种愉快的发泄方法。

4.释放压力

参加有兴趣的活动，寻找有情趣的生活，都可以增强心理承受力，减轻精神压力。读书、听音乐、观赏自然、制作、收藏等，都可以将注意力转到有益身心的活动中。

5.保证优质睡眠

睡眠不足可加剧心理疲劳，所以保证睡眠是防止身体健康防线崩溃的重要方面。无论每天多么紧张、劳累、忧郁、烦躁，只要能保证足够的睡眠，都可以使身心有个缓冲疲劳的机会。

神经衰弱：现代都市人的精神错乱

王刚读完了大一，迎来大学的第一个暑假。由于大学里一般没有暑假作业，所以王刚在暑假里几乎是无所事事，每天都睡到很晚才起来，早饭也不吃。王妈妈白天要上班，就只能嘱咐儿子自己买点吃的。王妈妈心里十分愧疚，所以在作息时间上对儿子有所迁就，没有做严格要求。谁知道王刚竟然每天晚上通宵玩网络游戏，一直到凌晨才睡觉，白天睡到很晚才起床，然后又接着玩。虽然王妈妈管过一两次，但是王刚就是改不掉。

王刚是在大一的时候迷上网络游戏的。刚开始还没什么，后来慢慢迷上了。为了能痛快地玩游戏，他决定晚睡晚起，来躲避爸妈的"督察"。但是，由于长期熬夜，导致生物钟和神经系统功能紊乱，再加上时刻提防父母的检查，精神高度紧张，王刚慢慢出现了失眠、头晕等神经衰弱症状。

等到开学到了学校，王刚才发现自己的这些症状越来越重，简直不能正常上课了。最终，在妈妈的陪同下，王刚去医院做了检查，医生确诊为神经衰弱。

很多人都可能听说过"神经衰弱"这个名称。有的人说睡眠不好是患了神经衰弱；有的人记忆力差就怀疑自己患了神经衰弱；也有的人认为自己精力不足，也是患了神经衰弱……

众说纷纭，让人觉得似是而非。但究竟什么是神经衰弱呢?

我国精神病学家经过长期的调查研究认为，神经衰弱是一种神经症性障碍，主要表现为病人常常"心有余而力不足"，心情紧张难以放松，特别容易烦恼、激动或发脾气，无法安心工作，受一点刺激都难以忍受。早期征兆包括入睡困难、睡眠浅、多噩梦，甚至失眠；食欲不振、消化不良；头昏脑涨，打不起精神，注意力不集中，记忆力下降，甚至浑身疲乏、体力不支等。

神经衰弱是一种轻度的精神病，是神经症的一种，病人无器质性病变。与严重的精神病如精神分裂症患者相比，神经衰弱的病人没有严重的行为紊乱。一般认为，神经衰弱不会发展为精神分裂症，两者是性质完全不同的疾病。

中医认为，神经衰弱的致病病因多种多样，不过比较公认的还是“七情”，即喜、怒、忧、思、悲、恐、惊，对于不良情感诱发疾病，古书上有不少记载。如狂喜可致精神病，“范进中举”这个故事，说范进一心想中举，几次考试都落榜，由于勤奋学习，终于实现他多年来的愿望，却因过分兴奋而患了“癫狂病”。这就说明任何一种不良的心理状态都会引起身体疾患。

在社会生活中，有很多失意之事，如失恋、夫妻关系不和、上下级及同事间关系不好、意外打击、高考落榜等。如不能正确对待，均可引起这种病的发生。如果不及早重视，就会影响到身心健康。

如何改善神经衰弱症状？

1.释放压力，缓解紧张情绪

要认识到，这是一种信号，它告诉你：“大脑太累了，压力太大了，需要休息调整了。”分析一下，这种情绪紧张和心理压力来自何方。

2.注意劳逸结合

脑力劳动和体力劳动结合，坚持锻炼身体，适当参加文娱活动。

3.养成良好的睡眠习惯，注意生活有规律

只要保证你的神经能够得到放松，神经衰弱的症状很快就能得到缓解和治愈。

睡眠障碍：总是睡不着 VS 总是想睡觉

人体健康的首要标准是“吃得香，睡得实”。睡眠是生命的必需过程，人的一生中有三分之一的时间必须花在睡眠上，所以睡眠状态与生理、心理以及情绪的健康均有重大的关系。当我们睡得好时，可以使身体机能得到恢复，然而睡不好时，则生命中的每一方面都会遭殃。

睡眠时数的长短因人而异，有的人一天只睡四五小时就够了，但有的人一定要睡上十小时才觉得有饱足感。

当睡眠出现了异常时，我们称为睡眠障碍。它是指各种心理社会因素引起的非器质性睡眠与觉醒障碍，包括睡眠量的异常及睡眠质的异常或在睡眠时发生某些临床症状，如失眠症、嗜睡症和睡行症、夜惊、梦魇等发作性睡眠异常情况。

睡眠障碍一般可表现为入睡困难、失眠；白天睡眠过多；错误的时间睡眠；节律异常和睡眠异常。夜晚睡觉时，出现奇怪的行为或不寻常的动作，但在意识清醒时，这些异常的动作不会发生的现象称为睡眠异常。包括梦游、夜惊及意识不清的唤醒等。

当睡眠问题持续不断或至少一个月，而且确实给你带来了严重问题，才可以称为睡眠障碍。轻度的情景性睡眠问题并不能够计算在内。例如，你的睡眠问题是否每日都发生？是不是使你白天困倦得完全不能够工作？是否使你不能够上路开车？你无法集中精力？你白天是不是感到极其难过、暴躁、紧张，因为你晚上没有办法睡好？

如果出现睡眠障碍，先要检查一下是否是一种物品或药物引发这个问题。咖啡因和酒精是最常见的睡眠干扰者，它们对睡眠产生的影响可能超过其他所有物质加起来的影响。使用咖啡因、安非他命和可卡因会刺激人兴奋，并使睡眠延迟，而停服这些物品又会引起嗜睡。除此之外，身体状况也会引起睡眠障碍。大部分生理疾病都可引起睡眠问题，一般是疼痛、咳嗽、尿频、呼吸不畅、食管回流或浑身瘙痒等症状引起的。其他一些身体状况，如帕金森氏病等疾病，都有可能因为其对大脑的直接影响而扰乱睡眠。

1.失眠

失眠症是一种以失眠为主的睡眠质量不佳状况，其他症状均继发于失眠，包括难以入睡、睡眠不深、易醒、多梦、早醒、醒后不易再睡、醒后不适感、疲乏或白天困倦。失眠可引起当事人焦虑、抑郁或恐惧心理，并导致精神活动效率下降，妨碍其社会功能。

引起失眠的主要原因有：精神因素（如紧张、焦虑、恐惧、兴奋等），睡眠环境因素，躯体因素（如疼痛、瘙痒、鼻塞、呼吸困难等），昼夜生活节律紊乱，梦影响，药物和酒的影响，大脑弥散性病变等。值得注意的是，失眠常常是精神病复发的预兆。

失眠症依病程时间的长短分为短暂性失眠（短于 1 星期）、短期性失眠（1~3 星期）及长期性失眠（长于 3 星期）。重大的压力、情绪上的波动，都可能会造成短暂性失眠。短期性失眠的病因和短暂性失眠有所重叠，只是时间较长，往往需要数星期。长期性失眠其病史有些达数年或数十年。

研究表明，失眠可能引起的对心理健康的伤害比起生理方面来要严重得多。一个人在失眠之后，往往感到情绪不稳定，容易激动，烦躁不安，发脾气，造成所谓“焦虑”的精神状态。失眠所引起的这种消极心理后果，其根本原因不在失眠本身，而恰恰在于不良的心理因素——对失眠的“自我暗示”。现实生活中不难发现，长期失眠的人多是“自我暗示”极高的人。由于这种强烈的自我暗示，使失眠者在经历几次失眠后，变得忧心忡忡，对睡眠产生一种莫名的恐惧感，结果酿成严重的心理创伤。

2.嗜睡

如果整日总是想睡觉，无论在开车、吃饭、在打电话或在会议中都可以睡着，就提示我们睡眠不足或存在了嗜睡症状。嗜睡不同于全身疲倦、无精打采或缺乏动力，其根本区别在于是否会在不适当的场合中睡着。患有嗜睡症的人不分时间、地点，哈欠连天，侧身便睡。

除了爱睡觉的特点，猝倒是嗜睡最特异的症状。情绪激动、焦虑、恐惧等可诱发猝倒，如打麻将或做游戏时，在特别兴奋的一瞬间，虽然意识清醒，但支配不了自己而突然瘫倒在地。睡瘫也是嗜睡常见症状，一般在睡醒后或入睡时发生，人的意识虽然清醒，但全身无力，动弹不了，不能说话，一般数秒钟至数分钟后会恢复正常。

如果每天出现嗜睡这种睡眠障碍，持续一个月以上或反复睡眠发作，会严重影响工作和生活。应注意的是，嗜睡还可能是抑郁症的一个症状。

嗜睡症不同于昏睡状态。嗜睡的人对弱刺激有反应，能叫醒并做简短应答，但不久又入睡；而处于昏睡状态的人表现为对强刺激有反应，但不能应答。

关于嗜睡症病因，一般认为与心理因素有关。有些人白天心情不愉快，或在不恰当的时间入睡造成夜间睡眠过度延长。有的是由于睡眠—觉醒的节律与本人所处环境要求不一致所造成的。还有的是因为睡眠时间不足，最常见于工作时间过长、睡眠时间过短者。而患有周期性嗜睡的人，在发病的几天内会不分昼夜地睡。

3.克服睡眠障碍，拥有优质睡眠

(1) 创造良好的睡眠环境。包括适当室温、灯光、少噪声及舒适床垫。听轻柔的催眠乐曲，有利于安定情绪。

(2) 安排合理的作息时间。养成按时作息的生活习惯，每日按时上床入睡及起床。参加适宜的娱乐、休闲活动，有利于夜间正常睡眠。

(3) 养成良好的睡眠习惯。白天不要打瞌睡打得太长，除非那是你的天然节律。日落之后不要做太过激烈的事情，那有可能让你一直兴奋下去。不要吃药助睡眠。睡前忌服引起兴奋的药物或饮料。

(4) 运用放松方式可以帮助入眠。放松法有甩手操、入松功、放松训练等，可使肌肉放松、精神放松、促进睡眠。转移方法，如有意识地翻阅无故事情节的理论书，引发疲倦，造成心理放松感，可缓解烦恼情绪而有利于入眠。如果躺在床上超过 30 分钟仍然睡不着，就起床做些温和的活动，养成慢慢轻松入睡的习惯。找到符合自己天性的睡眠方式是解决睡眠问题的最好办法。

(5) 心理治疗。睡眠障碍大多是由于心理因素的影响致使高级神经活动的功能失调，可以通过自我心理调适来克服，摆脱“自我暗示”的焦虑。睡不好觉的人有时候会延长躺在床上的时间以补足睡觉的机会，但事实证明，这种方法并不能改善睡眠质量，反而会陷入越睡越疲惫，越想睡越睡不着和越睡越睡不醒的怪圈循环。

(6) 药物治疗。许多患有睡眠障碍的人，常常借助于服用安眠药来入眠。安眠药适用于减缓因情绪、外伤和某些危险病症引起的失眠，可在几天或几个星期的时间内有所帮助，但是长期依赖药物，并非良好的解决睡眠问题之道。

双相障碍：苦乐如钟摆，喜忧两重天

在我们身边有这样一种人，一段时间情绪高涨，信心十足，似乎办什么事都不在话下，做起事来轻率莽撞，不计后果，精力充沛，话也特别多；而过一段时间，情绪却一落千丈，总是提不起精神，对人也爱答不理，对什么都不感兴趣，悲观自责，甚至有轻生厌世念头。这样喜忧无常的人似乎是双重性格，感觉古怪，但是当反复出现这种精神状态时，需警惕是否患上了“钟摆”病——双相障碍。

双相障碍又称为躁郁症，是一种兼有躁狂和抑郁发作的情感障碍。双相兼有心境变高和变低两极性特点，心境在正常——高涨（躁狂）——低落（抑郁）之间往返摆动。

双相障碍的规律性表现主要有两种，一种是交替出现完全躁狂和严重抑郁。开始表现为抑郁，在病程中至少出现一次以上的躁狂或兴奋阶段。另一种是抑郁和轻度躁狂交替发作，并且具有周期性。通常会先有躁狂症，患者在数日内病情便会加剧，甚至达数月之久；而后会出现抑郁症，发病时间通常较躁狂症长。

患者在轻躁狂发作时情感高涨，精力充沛，自我感觉良好，而到了抑郁发作时，却完全意识不到自己曾出现过躁狂症状。或者在某段期间表现得抑郁，但是过了一段时间后会突然变得情绪非常亢奋。在双相障碍患者中，只有极少数人能认识到自己精神状态的异常。

因此，转怒为喜，喜怒无常，是双相障碍特征的最直接概括。

关于双相障碍产生的原因，大多数人认为遗传因素是其重要的方面。童年的不良经历对人格塑造可能有一定作用，到成年后，某些生活遭遇会产生致病性影响。除遗传因素外，生活中的压力事件是促使发病的近因。双相障碍患者中，有些是成长于非常恶劣的家庭所致，许多双相障碍患者的早期家庭经验往往相当恶劣，他们可能在困厄的环境中成长，加上父母可能有暴力倾向，因此有躁郁症的形成。

如何治疗双相障碍？

1.了解发病的原因

双相障碍是大脑的一种功能障碍，导致情绪、精力和精神功能的异常波动。每个人都会有情绪的高和低的波动，而双相障碍患者的情况却非常严重，这种疾病使人的情绪摇摆于极度高涨和悲伤失望之间，在这两种状态之间会存在情绪正常的情况。

2.保持安静的环境

保持安静的环境非常重要，尤其是当患者处于狂躁期时。不要和患者进行有敌意的谈话，不要聚会或长时间看电视、电影，以尽量避免刺激患者加重病情。除去周围环境中的危险物品，需特别注意的时间是清晨与深夜。

3.给予充足的睡眠

充足的睡眠和有规律的生活可以防止此病的发作。躁郁症有周期性发作的特点，因此必须进行持续治疗。足够的睡眠和规律的睡眠时间对于治疗双重情绪失调至关重要。

4.给予关爱

耐心倾听病人痛苦的心声，让他感觉到有人在关心他、了解他，愿意帮助他。躁郁发作时病人会变得敏感，容易受周遭环境的影响，甚至会出现不合理的要求及行为，我们必须了解这些是病情症状，不要否定或讥笑病人所说的话，也不要与他争论。家人的关爱对病人的康复非常重要，尤其是对有自杀倾向的病人。

5.通过药物治疗

双相障碍患者应该长期服用心境稳定剂，不管是躁狂和抑郁发作阶段，还是缓解期。双相情感障碍是一种周期复发性疾病，通过早期诊断和长期治疗，可以控制病情、减少复发。

十

疯狂的脑袋在“跳舞”：

与精神分裂面对面

【本章关键词】

思维联想障碍 情感淡漠 意志行为障碍 内向性 幻觉 幻视 幻听 妄想 偏执型精神分裂症 青春型精神分裂症 单纯型精神分裂症 紧张型精神分裂症

关于“精神分裂”的说法我们在日常生活中听得不少，

也许因“分裂”这个词的原因，使一些人对“精神分裂症”产生了不正确的理解，觉得患者精神“分裂”了，该多么危险，真让人害怕呀。

事实上，一些被我们认为的精神病人也有他们善良和可爱的一面。

如果你问一位精神分裂症患者：“你为什么在医院里?”

他会回答：“田鼠会筑巢，鼹鼠会挖洞……”

孩子，你怎么了

据新闻报道记载，家住武汉汉阳区的大男孩小贾住砖屋已经长达两年之久，在此期间，小贾的吃喝拉撒全都在这间小房里解决，平时从不出门。

这间砖房只有四五平方米大小，灯光昏暗，散发出强烈的异味。房门用一根粗的木杠使劲地顶撑着，只在房门下方留有一个小洞，每天他的父母通过这个小洞给小贾送饭食。

小贾 22 岁，身高 1.78 米左右，正值青春的大好年华，却每天独自被幽禁在这里，没有人陪他说话。他终日光着身子，披着一床薄棉被坐在地上，头发蓬乱，脸上污垢斑斑，却脸庞清秀，依然具备青春的模样。时而目光呆滞，时而咧嘴嬉笑，时而大喊大叫。

是什么原因造成这样的情况呢？

小贾在童年的时候，父母就离异了，是妈妈独自将他带大的。而他的妈妈仅靠做临时工赚钱糊口。再婚后，她又生了一个女儿。谁知在女儿 8 岁那年又不慎摔伤致残，将家里所有的积蓄花得精光，使这个家庭更加雪上加霜。

虽然家境不宽裕，但小贾从小就十分懂事，在学校里认真读书，成绩优秀。尤其是上了高中后，更加刻苦，并以考上重点大学为理想。

然而，不久的一天，在学校里读书的小贾突然精神失控，情绪异常，在课堂上又叫又笑。老师和同学们不知缘由，立刻通知小贾的父母将他带了回去。

此后，小贾的病情日益加重。不但在家里到处叫骂，甚至撕碎衣服，砸乱木床，光着身子四处乱跑，还用石头打路人，甚至跑到附近餐馆夺人菜刀。而到了晚上，更是折腾不休，大声地唱歌、说含混不清的英文等，吵得四邻不安。无奈，他的父母才想到这个办法，将可怜的小贾锁了起来。

社区的有关人员得知此事后，主动拿出一部分钱将小贾送到医院精神科检查，经诊断，小贾患上了严重的精神分裂症。

如此触目惊心的事情并不少见：

家住长春市牡丹街的22岁女孩小莹，其表现更是有过之而无不及。有一天，小莹吃完晚饭看电视，突然情绪变得狂躁不安，并大喊“不想活了”，接着发疯似的在家里乱闯。她每跑到窗户前一次，就扬言要跳楼，她的妈妈吓坏了，使尽全身力气将女儿拦住，并将窗户锁住。可是，小莹又挣脱开妈妈的阻拦，去开厨房里的煤气。妈妈见状，又立即去关阀门。小莹见开煤气不行，直接打开家门跑了出去。

小莹的妈妈紧追其后，但由于当时天色已晚，她没有看清小莹跑向了哪里。然而，当她满头大汗地返回小区楼道时，现场的一幕让她惊呆了：小莹直挺挺地躺在楼道口，毫无知觉，地上还有一大摊血。而在离小莹两米多远的地上，有一只被摔断的左小腿。

“我是自己跳下来的。”小莹清醒地说道。此时她躺在医院的病床上，左腿已被截肢。经医院精神科诊断，小莹患上的是偏执型人格分裂症。

不仅是成年人，幼年的孩子也有可能患上精神分裂症。这种被称为儿童精神分裂症的病症，是值得家长和学校关注的：

有一位10岁的男孩，原本应该是天真活泼、无忧无虑的，可是竟然也患上了精神分裂症。这让很多人包括他的家长感到不可思议。而其中导致男孩出现心理异常的元凶居然是灾难片！男孩的性格内向老实，平常都是按时上学、放学，回到家后就会主动做功课，很少让家长操心。男孩的父母由于工作忙，很少有时间陪孩子，所以孩子通常都是自己一个人在家做作业、玩游戏。后来的一段时间里，男孩沉迷于看电视，尤其是对一些灾难片有很大的兴趣。刚开始，父母对此还没有太在意，可是不久之后就发现了问题：孩子经常在家自言自语，跟父母说“地球要爆炸了”、“我们快要死了”这一类的话语。精神时而高度紧张，时而沉默寡言，目光呆滞。经医生诊断，男孩患上了儿童精神分裂症。

以上故事绝非恐怖片里的镜头，而是活生生的现实。那么，为什么年轻的男孩女孩会患上精神分裂症？

在生活中，我们也经常看到有一些人，他们的日常言行会“与众不同”。例如，常会出现不可预测的反常行为，莫名其妙地激动，情绪失控，大喊大叫、自言自语，喋喋不休、破口大骂，做出一些难以被社会认可的行为。这些人在外表上蓬头垢面，衣着邋遢，身体肮脏，在冷天里穿得单薄，在热天里穿着棉袄。他们的生活很难自理，常常漫无目的地沿街行走，没有规律的饮食习惯，也没有正常的社交关系。这些就是精神分裂症患者的典型表现症状，在常人眼里他们会被视为疯子或傻子。

精神分裂症患者的最突出表现是行为混乱和紧张症行为。

以上所述的是行为混乱症状，而紧张症行为在精神分裂症患者身上也比较多见。在紧张症发作时，患者会变得情绪兴奋，无明显原因的激动而难以自持。时而会手舞足蹈，时而会像木头人一样定在那里，保持一种固定姿势一动不动；时而会像个木偶一样任人驱使。

精神分裂症一般在 25~40 岁的年龄段为多见，近年来一些越来越多的年轻群体会因为各种原因而患有精神分裂症。

揭开精神分裂症的神秘面纱

精神分裂症又称综合失调症，也就是我们平常所说的精神病。它是以基本个性改变，思维、情感、行为的分裂，精神活动与环境的不协调为主要特征的一类最常见的精神病，属于重型精神病。

不同类型、不同阶段的精神分裂症患者行为和言语表现会有很大差别，但它均具有特征性的思维、情感、行为的不协调和脱离现实环境的共性特点。

从心理学和医学角度来说，精神分裂症主要包括思维联想障碍、情感淡漠、意志缺乏和内向性等特征。

1.**思维联想障碍**

思维联想过程缺乏连贯性和逻辑性，是精神分裂症最具有特征性的障碍。其特点是病人在意识清楚的情况下，思维联想散漫或分裂，缺乏具体性和现实性。病人的言语或书写中，语句在文法结构上虽然无异常，但语句之间、概念之间，或上下文之间缺乏内在意义上的联系，因而失去中心思想和现实意义，称思维松弛。有时逻辑推理荒谬离奇（逻辑倒错性思维）或表现为中心思想无法捉摸，缺乏实效的空洞议论（诡辩症）。严重时言语支离破碎，甚至个别词语句之间也缺乏联系，即破裂性思维。

思维障碍在疾病的早期阶段可仅表现为思维联想过程在内容意义上的关联不紧密。此时病人对问题的回答叙述不中肯、不切题，使医生感到与病人接触困难，称联想松弛。

思维障碍的另一类形式，是病人用一些很普通的词句、名词，甚至以动作来表达某些特殊的、除病人自己外旁人无法理解的意义，称病理性象征性思维。如病人突然扑向正在急驰的汽车轮胎下面，表示要投胎。此时病人往往以同样方式创造新词，把两个或几个完全无关的概念词或不完整的字或词拼凑起来，赋予特殊的意义。

精神分裂症患者的联想过程可在无外界因素影响下突然中断（思维中断），或涌现大量的强制思维（思维云集），有时思维可突然转折，或出现一些无关的意外的联想。这类联想障碍往往伴有较明显的不自主感，病人感到难以控制自己的思想，并常常做出妄想性判断，如认为自己的思维受外力的控制或操纵。

2.**情感淡漠**

情感淡漠、情感反应与思维内容以及外界刺激不配合，是精神分裂症的重要特征。最早涉及的是较细腻的情感，如对他人的关怀、同情，对亲人的体贴。病人对周围事物的情感反应变得迟钝或平淡，对生活、学习的要求减退，兴趣爱好减少。随着疾病的发展，病人的情感体验日益贫乏，甚至对那些使一般人产生莫大痛苦的事件，病人表现淡漠，丧失了对周围环境的情感联系（情感淡漠）。如亲人不远千里来探视，病人视若路人，也不能唤起病人任何情感上的共鸣。在情感淡漠的同时，病人可对细小事件产生爆发性情感反应。

此外，可见到情感反应在本质上的倒错，病人流着眼泪唱愉快的歌曲，笑着叙述自己的痛苦和不幸（情感倒错）。

3.意志行为障碍

病人的活动减少，缺乏主动性，行为被动、退缩，即意志活动减退。病人对社交、工作和学习缺乏要求：不主动与人来往，对学习、生活和劳动缺乏积极性和主动性，行为懒散，无故不上课，不上班。严重时终日卧床或呆坐，无所事事。长年累月不理发、不梳头，口水含在口内也不吐出。

有些病人吃一些不能吃的东西，如吃肥皂、昆虫、草木，喝痰盂水，或伤害自己的身体（意向倒错）。病人可对一事物产生对立的意向（矛盾意向）。病人顽固拒绝一切，如让病人睁眼，病人却用劲闭眼（违拗）。或相反，有时病人机械地执行外界任何要求（被动服从），任人摆布自己的姿势，如让病人将一只腿高高抬起，病人可在一段时间内保持所给予的姿势不动（蜡样屈曲），或机械地重复周围人的言语或行为（模仿言语、模仿动作）。有时可出现一些突然的、无目的的冲动行为：如一连几天卧床不动的病人，突然从床上跳起，打碎窗上的玻璃，以后又卧床不动。

4.内向性

上述思维、情感、意志活动三方面的障碍使病人精神活动与环境脱离，行为孤僻离群，加之大多不暴露自己的病态想法，沉醉在自己的病态体验中，自乐自笑，周围人无法了解其内心的喜怒哀乐，称为内向性。

内向性又包含以下三项内容：

（1）幻觉和感知综合障碍

幻觉见于半数以上的病人，有时可相当顽固，其特点是内容荒谬，脱离现实。最常见的是幻听，主要是言语性幻听。病人听见邻居、亲人、同事或陌生人说话，内容往往使病人不愉快。具有特征性的是听见两个或几个声音在谈论病人，彼此争吵，或以第三人称评论病人（评论性幻听）；语声常威胁病人、命令病人（如不许病人吃饭、让病人跳车），或谈论病人的思想，评论病人的行为。

有时声音重复病人的思想，病人想什么，幻听就重复什么（思维鸣响）。如病人对医生讲：我在想对医生说什么，还没有来得及说出来，但我的思想已在外面说出来了，广播了。

病人行为常受幻听支配。如与声音做长时间对话、发怒、大笑、恐惧、或喃喃自语，做侧耳倾听状；或沉醉于幻听之中，自笑、自言自语、做窃窃私语状。幻听可以是真性的，即声音来自客观空间、外界。较常见的是假性幻觉，即病人听见脑子里有声音在对话。

⑵ 幻视

精神分裂症幻视的形象往往很逼真，颜色、大小、形状清晰可见。内容多单调离奇。如看见一只手、半边脸、没有头的影子，灯泡里有一个小人等。幻视的形象也可在脑内出现，病人说是用内眼看见的。即假性幻视。幻视常常与其他幻觉一起存在。

人格解体在精神分裂症有一定特点，如病人感到脑袋离开了自己的躯干，丧失了体重，身体轻得好像风能吹得起来，走路时感觉不到下肢的存在等。有时此类体验较复杂抽象，如病人诉述丧失了完整我的感觉，我分裂成为两个或三个，自己是其中的一个，只有部分精神活动和肉体活动受自己支配等。

⑶ 妄想

妄想是精神分裂症最常见的症状之一。内容以关系妄想、被害妄想和影响妄想最为常见。主要特点是：内容离奇，逻辑荒谬，发生突然；妄想所涉及的范围有不断扩大和泛化趋势，或具有特殊意义。如认为周围人的一举一动是针对他的；所到之处，无论街上、学校、公共汽车、医院，人们都在议论他；报上广告、电台广播节目都含沙射影地说他。自然界的变化，以及举手、咳嗽、吐痰、关门、刮风、下雪、窗前飞来一只小鸟都是信号，有特殊意义，也就是暗示自己将要发生什么；病人对妄想的内容多不愿主动暴露，并往往企图隐蔽它。病人不愿回答与妄想有关的问题，包括对自己的亲人。

精神分裂症病人一般没有意识障碍。妄想、幻觉和其他思维障碍一般都在意识清楚的情况下出现。

精神分裂症并不必须具备上述各项症状。一般在急性阶段，以幻觉、妄想、援引观念为主，这类症状又称阳性症状。在慢性阶段，以思维贫乏、情感淡漠、意志缺乏、孤僻内向为主，又称阴性症状。

法国研究人员曾在一份研究报告中说，精神分裂症患者不能正确辨别他人行为意图，其原因之一在于他们不能恰当运用已有经验和刚刚获取的直观信息。

例如，在地铁上，如果一个人从座位上站起来，他是想在下一站下车，还是想给你让座？正常人一般能很快辨别他人的行为意图，这也是人们在社会生存的一项基本技能，但精神分裂症患者却没有这种能力。

各种各样的精神分裂型人

根据精神分裂症患者的基本症状、病程发展和预后的不同，通常分为四种类型：单纯型精神分裂症、青春型精神分裂症、紧张型精神分裂症和妄想型精神分裂症。

1.单纯型精神分裂症

李小玲，现年 24 岁，在北京某大学的后勤部门工作。她身材苗条、面容姣好，虽未身着名牌服装，因会搭配穿着和修饰，故穿着打扮非常得体，显得贤淑而且端庄秀丽。在上大学时就被同学誉为“校花”，整天被充满爱慕之心的男同学捧着、追着。

20 岁大学毕业参加工作后，小玲开始颇受单位的男士们“关注”。但近两年来，同事们渐渐发现小玲不再像以前那样喜欢梳妆打扮，穿着也不再得体，而是整天邋邋遢遢的，身上也发出一阵阵浓烈的汗臭味。上班不是迟到就是早退，工作效率明显下降，并且总是出差错，对领导、同事与家人、朋友的关心、询问都不理不睬，对年老多病的父母也漠不关心。不论谁问她问题，她都回答极为简单，常常是问十句话，回答一句。

小玲的姑姑是一个心理医生，来北京出差时，发现小玲种种异常并详细询问了其父母以后，怀疑其可能有心理问题。于是就带小玲到某医科大学附属医院的精神科就诊。经详细的体格检查、实验室检查及精神检查，精神科的专家诊断李小玲患有精神分裂症。

2.妄想型精神分裂症

一位34岁的男工程师，因怀疑被毒害半年入院。病前个性：孤僻、多疑、沉默、敏感。平素健康，无重病史。母患精神病已20年。

半年前患者在工作中与人发生过学术争论，以后出现失眠、少食，怀疑单位领导存心与他作对，每次在单位进餐后均有头昏、手胀、喉塞。疑是领导布置在食物中放毒加害于他。为寻找“解毒剂”，翻阅很多医学书籍，买了“海藻精”，食后自觉很有效，近一月来，怀疑领导串通医务室医生用“中子射线”控制其思想和行为，有时听到“中子射线”与他对话，评论他“老实，知识丰富”，命令他“不许反抗”。走在街上发觉“处处有人跟踪”。疑毒剂失效，买了两只馒头送防疫站化验。在家一提及单位事即很激动，指责家人“你们都不知道，当心上他们的当!”吸烟增多，满面愁容，同事劝慰则更反感。到处求医，查肝功、心电图、拍胸片，认为身体已被搞垮。近日连续写控告信，并去公安局要求保护。

身体检查和神经系统检查未发现异常。精神检查，仪态端正，意识清楚，智力正常，言答切题，表情紧张，所谈多为上述内容，但进一步追问却说不出道理，否认有病。

诊断：精神分裂症偏执型。

偏执型精神分裂症又称妄想型精神分裂症。本型最多见。发病年龄多在25~35岁，症状以妄想为主，关系和被害妄想多见，次为夸大、自罪、影响、钟情和嫉妒妄想等。妄想可单独存在，也可伴有以幻听为主的幻觉。智力通常不受影响。患者的注意和意志往往增强，尤以有被害妄想者为显著，警惕、多疑且敏感。在幻觉妄想影响下，患者开始时保持沉默，以冷静眼光观察周围动静，以后疑惑心情逐渐加重，可发生积极的反抗，严重时甚至发生伤人或杀人，也或者发生消极的自伤或自杀行为。

3.青春型精神分裂症

23岁的女孩小W高中毕业后做了商店销售员，经人介绍结识了一个中学教师男友。两人恋爱半年，感情很好，但男友父母反对他们来往，男友向父母屈服，逐渐远离她，她也没有过分纠缠，忍痛分手。此后，她心情郁闷，孤独好静的她变得更加沉默寡言，不愿出门交友，父母常加劝慰，但无济于事。3个月后，小W突然变得喜欢打扮，每月工资领来没几天就全部买了化妆品及相关杂志，而且经常对父母讲些莫名其妙的话，在家跳跳蹦蹦，显得活泼非常，时而突然大笑，时而大发脾气、破口大骂。上班时经常离开岗位，与顾客争吵，下了班迟迟不回家。不久，她已不像正常人，如经常外出乱走、看见异性就笑、穿着内衣裤就外出、口里讲下流话、不知饥饱等。而且，她晚上基本不睡觉，把电视开得很响，邻居来提意见，她就把人家大骂出去。

诊断：精神分裂症青春型，也可称为“花痴”。

青春型精神分裂症多数在青春期发病，主要表现为孤僻、情绪不稳，喜欢幻想、追究无意义的问题或发表空洞的议论。情感障碍及言语思维障碍逐渐明显，情绪波动大，不时大哭、大笑或无故大发雷霆；对周围事物反应淡漠；幻觉丰富，以幻听、幻视居多；行动幼稚、愚蠢等。

4.紧张型精神分裂症

紧张型精神分裂症发病年龄在青、中年，主要表现为萎靡无力、食欲不振、怠惰少动、情绪低落、对任何事物都无兴趣。随后出现紧张性木僵和紧张性兴奋两组综合征：木僵状态——情感淡漠，言语动作减少、刻板，严重时不言不动、不饮不食，双目紧闭或凝视，表情呆滞，呼之不应、推之不动，短则维持几小时，长则可达数年之久；兴奋状态——突然爆发的兴奋、激动、行为暴烈，常有毁物伤人行为，常可出现丰富的幻觉，一般维持几小时或数周后缓解或进入木僵状态。严重时昼夜躁动不停，以致衰竭。

精神分裂症患者的“天马行空”

许多人认为精神分裂症是大脑的哪个部位分裂了，这种认识是错误的。精神分裂症并不是大脑结构的分裂，而是人的个性的改变，思维、情感和行为之间互相不协调，与外界环境也不协调。例如病人对外界的人和事产生了歪曲的理解和认识，以致出现了令人费解的行为。所以，精神分裂症是大脑功能的“分裂”，而不是结构的“分裂”。

精神分裂症患者的一大突出表现是思维和言语混乱。患者往往从一个话题转移到另一个毫不相干的话题上，语言之间没有任何关联性和逻辑性，他们的思维形式和语言结构都是混乱的，让人完全不知所云，摸不着头脑。但在精神分裂症患者看来，他所理解的任何事物都是有联系的。如果你跟一位患有精神分裂症的病人对话，常常会觉得他答非所问，文不对题，风马牛不相及。例如，问精神分裂症患者：“你为什么在医院里?”他会回答：“田鼠会筑巢，鼹鼠会挖洞……”让人哭笑不得。

所以，精神分裂症患者无法围绕一个话题进行正确的联想，而是将主题越拉越远，让听者如坠五里雾中。

思维混乱直接会导致言语混乱，而言语混乱的直接表现是语言内容的贫乏。虽然有的精神分裂症患者会按照自己的逻辑和思维联想出洋洋洒洒的语言，有的甚至看上去还颇有“文采”，实际上所传达出的信息却很少，或者不能准确地传达出自己的信息，也就是说人们并不知道他最终要表达什么意思。

妄想是精神病患者最为常见的一种表现，这种表现多出于猜疑，认为外界会给自身带来伤害。精神分裂症患者的妄想表现有以下几种：

1.被害妄想

患者在没有任何事实依据的情况下，坚信有人要加害于他。患者会想象有人暗中谋害自己或自己亲近的人，总会认为有人要杀掉自己。例如他们会常常无缘无故地大喊大叫：“啊，啊，有人来了！啊，不要杀我！……”

2.情色妄想

患者在没有任何依据的情况下，认为某人爱上了他，而且妄想对象多为著名的人，如总统、明星等。

3.抑郁妄想

患者过分贬低自己的价值，此种妄想包含负罪妄想、疑病妄想、贫穷妄想等。

4.变形妄想

患者认为自己的身体发生了奇异的变形，认定自己的身体器官被改变或者不存在，或者认为自己患有某种疾病而导致身体腐烂。

例如有一位女性精神分裂症患者对医生这样说：“我的肚子烂了，肠子翻了出来。后背痛，我没有长出脊椎，现在那里是一根钢管，钢管里有很多液体在流动不止。我的脏器被人换掉了，肚子里都是一条条的蛇蜷曲着，太痛苦了！”

5.夸大妄想

患者认为自己聪明过人、认为自己是天才，具有强大能力、智慧的超人或者拯救者，创造的成果可以改变人类的命运。或者妄想自己获得名誉、地位、权势，认定自己是一位很著名的权势人物。也可以妄想和夸大危险的事。

例如有一名精神分裂症患者自称：“我是维护世界和平的使者，莫扎特和凡·高是我的偶像，甘地和马丁路德是我的朝拜者，耶稣和观音菩萨是我的门徒。我要接见各个星球的元首，他们都在我的统治之下。”

6.控制妄想

患者认为自己的身体、思维、意识被某种外力所控制，认为自己在与某人共享身体、思维。患者也会认为自己完全有能力控制世界和他人，但是却对自己所做出的行为不会负责。

精神分裂症患者有时会这样认为：“我是佛祖的化身。早在时间诞生之前，我就诞生了。地球上的人类就是我创造的。我知道你的前世今生，我也知道你现在正在想什么。”

有时候，他们还会认为自己的行为和语言是受外星人的指示和命令而表现出来的，当有人问“为什么要这么做”的时候，回答是“上帝告诉我这么做的”或“是外星人让我这么做的”等。

北齐皇族其实是群精神分裂症患者

我国历史上著名的北齐皇族以暴政凶狠淫乱著称，北齐王朝前后共 28 年，主要经过 6 代皇帝执政，分别是神武皇帝高欢、文襄皇帝高澄、文宣皇帝高洋、孝昭皇帝高演、武成皇帝高湛和后主高纬。

令人艳羡的是，北齐这 6 位皇帝都生得俊美无比，能文能武，擅长音乐，但结果却落得个短命暴死的结局，人均年龄不超过 30 岁。

北齐皇帝素来以荒淫无道、极其残暴的统治为名，六亲不认，大义灭亲，让人闻之色变。

文襄皇帝高澄 15 岁时就和父亲高欢的爱妾勾搭成奸，其掌权后不但没有收敛自己的风流行为，反而大行其道，非常放肆地到处拈花惹草。内淫不避亲，竟然把弟弟高洋的老婆抢占为妻，为此引发了政变。

高澄死后，其弟高洋即位。文宣皇帝高洋的变态行为与前朝比较更是有过之而无不及。据《资治通鉴》记载：“高洋数年之后，渐以功业自矜，遂嗜酒淫泆，肆行狂暴；或身自歌舞，尽日通宵；或散发胡服，杂衣锦彩；或袒露形体，涂傅粉黛；或乘牛、驴、橐驼、白象，不施鞍勒；或令崔季舒、刘桃枝负之而行，担胡鼓拍之；或盛夏日中暴身，或隆冬去衣驰走。”

由此可见，高洋生活的荒淫无度，花天酒地、美女相伴、歌舞通宵的生活见证了一个王朝的奢靡。高洋常常喜怒无常，残忍起来肢解尸体，把大腿骨做成琵琶；深情起来堪比汉武帝和李夫人。此外，高洋还处处像一个神经病一样，“或散发胡服，或袒露形体，或盛夏日中暴身，或隆冬去衣驰走”，这种喜怒无常、不顾形象、寒暑不分、冷暖颠倒的皇帝，又如何治理国家、兴邦乐业呢？

作为一国之君的皇帝，他的荒唐行为还不止这些。有一次，他来到民间问一位妇人：“天子何如？”妇人回答：“颠颠痴痴，何成天子！”当即被高洋斩杀。宫中娄太后是高洋生母，有一次在高洋酒醉癫狂之时说了一句：“如此父生如此儿！”谁知高洋竟反驳：“即当嫁此老母与胡。”意思是“你这个老太婆再多嘴，我就把你嫁给胡人！”其“疯”行为令人发指、凶狠残暴，可见一斑。

武成皇帝高湛最大的特点是钟情于哥哥高洋的妻子和妃子，以淫人妻子为乐。高湛刚一即位，就逼奸了自己的嫂子，高洋的皇后李氏。后来又相继娶了高洋侧室偏妃。高湛对哥哥的妻子们异常痴恋，而视几个侄子为眼中钉，最后将他们一个个乱棍打死了事。

到了北齐后主高纬统治期间，其荒淫、残暴、乱伦、变态行为更是上了一个等级，几乎无处不在，可谓是一个天才的神经病患者。据《资治通鉴》记载：“定州刺史南阳王绰，喜为残虐，尝出行，见妇人抱儿，夺以饲狗。妇人号哭，绰怒，以儿血涂妇人，纵狗使食之。”说的是高纬统治年间，一个叫王绰的刺史性情残虐，见到一位妇人怀中抱有婴儿，就将婴儿夺过来喂狗。妇人号啕大哭，王绰一怒之下将婴儿的血涂在她身上，并叫狗来撕咬。

有一次，高纬问王绰：“在州何事最乐？”回答说：“多聚蝎于器，置狙其中，观之极乐。”于是，高纬就命人去捉来一斗毒蝎，放在浴池中，然后叫人脱光衣服躺在里面。躺在蝎群中的人不堪忍受，呼叫哀号，高纬和王绰在一旁观看高兴不已。并且高纬还对王绰说：“如此乐事，何不早驰驿奏闻！”遂拜王绰为大将军。

北齐皇帝终日沉迷享乐，纵酒贪欢，做着各种荒唐又残忍的行为。不理朝政，国风日渐衰微，最终被北周周武帝讨伐。公元 576 年，周武帝亲自率军大举进攻北齐，兵围晋州。而此时的高纬却只顾与冯淑妃猎于天池，致失军机。第二年，周军攻克北齐首都晋阳，俘虏了高纬。由此，北齐皇族统治结束。

从心理学角度来分析，北齐皇帝们完全是精神分裂或人格分裂的典型体现。具体表现为思维怪异、行为偏激、不可理喻、情感迷失、性情残忍、手段毒辣，其荒淫和乱伦行为令人难以想象。种种变态行为，都表明北齐皇族其实具有精神分裂症的倾向。

那么，为何北齐皇族的6位皇帝都有如此相似的行为特征？其中原因与家族遗传因素密不可分。根据精神病遗传性的调查研究，有精神病家族史的家庭，其成员患病率比一般家庭高6倍。

除了遗传因素，也与家庭环境产生的潜移默化的影响有一定的关系。家庭中父母的性格，言行、举止和教育方式（如放纵、溺爱、过严）等都会影响子女的心身健康或导致个性偏离常态。而对于庞大又复杂的皇家血统来说，家族成员之间的思想和行为必定会起到耳濡目染的作用，如父子之间、兄弟之间、叔嫂之间、君臣之间、后宫之间等复杂的关系，这样难免会使人心陷入一种血腥争斗、权力相争、情感乱伦、道德迷失等纠葛中，从而引导人做出异常的匪夷所思的行为。

精神分裂症的治疗方案

精神分裂症的病因尚不明确。有很多人觉得“窝在家里不愿意出门就是精神分裂的开始”，其实不一定是这样。如果觉得自己有上述症状并怀疑自己得了精神分裂症，一定不要惊慌，要去找专家咨询并检查。

应该如何对待精神病患者呢？心理学专家给了几点建议：

首先，不能歧视精神病患者。他们行为怪异甚至极端，不可理喻，难以接触，但他们是病人而不是另类，与一般的疾病相比，他们更需要周围人的理解与支持，特别是来自家庭的理解和关怀。

其次，治疗要系统规范。对于精神病患者来说，基于诊断明确的基础上，通过系统的治疗，减少复发率，非常关键！若没按规定用药或自行停药，复发后病程会复杂很多，甚至不得不终身服药。另外，千万不要忽视发病后的第一次治疗，一定要在专业医生的指导下进行系统规范的治疗。

再次，重视社会康复治疗。和一般的疾病不同，精神疾病的恢复需要一个社会康复治疗，它不需要生活上的过度照顾，而是更需要精神上的支持、认可和自我价值的体现，比如鼓励他自己照顾自己、多参加社会活动等，对他们的人格发展、促进康复都很有帮助。

目前精神分裂症的治疗以综合治疗为原则，精神药物治疗为关键性治疗。支持性心理治疗及改善社会心理环境，改善病人的心境也具有重要意义，一般是在病人病情好转时与药物治疗相结合进行。病情缓解期或慢性阶段，除适量药物治疗外，环境、心理治疗和社会支持十分必要，特别是对病人的社会康复，预防病人的衰退，以及提高病人适应社会的生活能力起着重要作用。急性阶段的安全护理及慢性阶段或康复期的家庭监护也很必要。

对于精神分裂症患者，人们往往会存在这样一个误区：精神分裂症病人是可怕的，是危险的，甚至大多存在暴力倾向。其实，这是对精神分裂症病人的一种偏见。

调查研究表明，精神分裂症患者只是一群弱势群体，绝大多数精神分裂症患者并非有严重的暴力倾向，甚至会令人觉得同情和怜悯。精神分裂症患者并不比社会上的任何人更具有暴力倾向，之所以人们会形成对其的误解，往往是来自一些负面的新闻报道或影视作品的影响，诸如精神病人自残或残杀他人等信息，在这些作品里往往会将精神分裂症患者夸大地描述成一个残暴的、不可理喻的精神病狂魔。正因为如此，精神分裂症患者也往往会受到社会和家人的漠视，遭受辱骂或殴打、禁闭等虐待，孤独地承受着精神的痛苦和折磨。

十一
神经性贪食与厌食：

有关进食障碍

【本章关键词】

神经性贪食症 神经性厌食症 自尊 自我形象技术 自我观想

神经性贪食症和神经性厌食症并称为进食障碍。

害怕发胖和对体形、体重的歪曲认识与期望是患有此类症状的人群共同的心理特点。

神经性贪食症

上高三的晓雅得了一种贪吃而不能控制的古怪毛病。以前她总担心身体发胖，不敢多吃，结果慢慢地出现厌食症状。可是不久后，情况却截然相反，常常不由自主地想吃东西，而且每次非要吃到被撑得难受才罢休。如果想吃的东西没吃，就会没心思上课，晚上连觉都睡不好。由于不断地暴食，晓雅明显发胖，变得越来越臃肿。她常常采用引吐、导泻、增加运动量等方法，以消除暴食引起身体发胖的恐惧心理。为此她苦恼不已，一再发誓再不滥吃了；但她又无法控制自己，尤其是心情不好时就吃得更多，上课无精打采，学习成绩直线下降，常常悄悄地落泪。瞧着痛苦不堪的晓雅，心急如焚的父母带着她到当地医院进行检查，没有发现任何生理上的毛病，最后由朋友介绍来到医院找心理医生咨询。

心理医生的结论是，晓雅是由于学习压力太大得了神经性贪食症。

像故事中晓雅这样的女孩在日常生活中并不少见。女孩子都喜欢减肥，当体重渐渐地降下来可以让自己觉得非常有成就感，看着自己的身材日渐苗条也会很高兴。在开始减肥的日子里，几乎不怎么吃饭。但是有一天，却会突然感觉到强烈的食欲，开始大吃特吃起来（贪食），导致体重严重反弹。

神经性贪食症，简称贪食症（BN），它是以反复发作性暴食，并伴随防止体重增加的补偿性行为及对自身体重和体形过分关注为主要特征的一种进食障碍。患有贪食症的人，一边担心自己变胖，一边却无法抑制自己过盛的食欲。

当贪食症患者产生进食欲望时，通常发生于没有任何其他计划的下午或晚上。暴食一般持续 30 到 60 分钟，包括摄入含有大量糖类和脂类的食物，并且会一口气消耗掉 5000~10000 卡路里的食物。有一位美国年轻的女性贪食症患者，她会吃掉冰箱里任何可以吃的食物，甚至最后会用手指舔食剩余的奶油，直到再也没有力气去吃为止。但是，随之而来的便是贪食给她的健康带来的无穷烦恼和损害：胃痛、恶心，甚至觉得食物马上就要喷出来；感觉困倦、内疚、抑郁等。

贪食症与我们日常生活中的那些暴饮暴食者的行为有所不同。暴饮暴食主要是指对自己喜爱的食物不加节制地吃，而贪食症是反复发作的，并且不可控制，经过冲动性的暴食之后还要采取一些行为来防止自己发胖，如禁食、过度运动、诱导呕吐、滥用利尿剂、吃泻药等。通常，在三个月或更长的时间中，有一个星期内两次以上的暴食和清肠行为，就属于贪食症。贪食症在年轻女性中多见。

所以，贪食症主要有三大特点：（1）反复地不可控制地暴食；（2）暴食之后再通过呕吐来清肠；（3）贪食症患者并不一定全是体形肥胖的人群，她们可能会有正常的体重。

神经性贪食症发病与心理和人格因素有关，如完美主义、对自己的身材特征过分关注、情感不稳定、易冲动、控制能力差等。一旦开始暴食之后，便无法控制食量。在暴食的瞬间感觉非常快乐，过后却又感到非常忧郁，便又开始进食，从而导致恶性循环。

贪食症患者的典型行为之一是自我催吐，通过诱导呕吐的方式来维持体重。然而，反复长期的呕吐会给身心健康带来极大的危害。持续吐出的胃酸会刺激嘴唇周围的皮肤，阻塞唾液腺，破坏味觉感受器，腐蚀牙釉质并产生蛀牙。重复的狂吐还会引起腹痛、食道疝、急性胰腺炎和其他腹部并发症。在具有正常体重的贪食症女性患者中，有50%会出现月经紊乱。

频繁的呕吐必然会导致体内营养物质的流失，从而使人感觉疲倦并有抑郁的倾向。此外，呕吐所带来的疼痛会导致内啡肽的释放，而这一化学物质又会促进呕吐频率的增加。每经过一次呕吐，机体内正常的酸碱平衡水平就会被破坏一次，久而久之就会导致机体系统的紊乱。

神经性厌食症

除了神经性贪食症，还有另一种进食障碍：神经性厌食症。

神经性厌食症简称厌食症，是指不满意自己的外表，惧怕长胖而拒绝正常进食，长期饥饿导致营养缺乏，最终可因不可逆的代谢紊乱导致死亡。

厌食症的患者主要的特征为极度害怕体重增加，往往强迫自己禁食，却不自觉已节食过度。厌食症的患者通常体重都很轻，女性常有停经现象，精神忧郁。

厌食症是一种非常危险的疾病，通常有15%~20%的死亡率，患病率呈明显增高，富裕阶层多见。患者多以女性为主，是青春期女孩子的常见病。

2009年，杭州一名21岁的漂亮女孩因为厌食症死在家里。

2010年，法国女演员兼模特伊莎贝尔·卡罗，死于厌食症，年仅28岁。

2006年，巴西模特安娜·卡罗利娜，在巴西的一家医院里去世，她的死因是因为厌食症，172厘米的身高，临死的时候不到40公斤。

许多爱美的女性往往为了让自己看起来更美，不惜以节食方式减肥，导致自己患上厌食症。她们对于体重很敏感，喜欢苗条的体形，开始常常避开家里人采取一些使自己体重减轻的措施，如不在公共场所进食，也不愿与家庭其他成员一起进食，不吃早餐，特别是不愿吃易于增肥的食物如面包、糖、土豆等，有时故意制造呕吐，或服用泻药，使食入的食物排出体外，参加剧烈的活动，如长跑等。

由于长期进食少可导致过度营养不良，抵抗力差，出现闭经，严重的则导致其他并发症和精神症状，如焦虑不安、抑郁、失眠、注意力不集中、多疑等。

造成厌食症的原因有以下几种：家庭原因，父母溺爱培养了孩子某种不成熟的特殊性格，可表现为自作聪明、敏感、固执己见、过于倔强、爱打扮、盲目自信等。竞争压力，使人产生严重的心理负担，由此采取少食或绝食的做法达到理想中的完美体形，以适应社会需求。由此而产生了神经性厌食症。

厌食症是一种疾病，而不是一种不良的饮食习惯。如发现有神经性厌食迹象，应及时请教医生进行专业诊治。抗抑郁药物可以缓解进食障碍的症状。心理治疗主要采用认知行为疗法，找出情绪压力的来源，并强调正确的饮食观念。患者要养成记录饮食的习惯，同时配合适度运动，来维持理想体重。

吃喝背后的自尊

世界上之所以会产生神经性贪食或厌食者，其实最简单的原因就是这些患者对自我认知出现了偏差。过分地关注身材、体形和体重，这反映了他们对自己持有否定态度，在对待自我价值问题上发生了心理扭曲，最终通过贪食或厌食行为将这种心理状态表现出来。

因此，在神经性贪食或厌食的问题上，我们不得不说到一个心理学名词——自尊。

心理学上的自尊与平时我们所说的自尊心不同，这里的自尊是个人对自我价值和自我能力的情感体验。自尊涉及个人对自己是否有积极的态度，是否感到自己有许多值得骄傲的地方，是否感到自己是成功的或是有价值的人。我们经常说某人自尊心很强，但不代表他有高水平的自尊。

当我们体验成功或者受到表扬时，自尊水平就会上升。高水平自尊的人总是很自信、自豪和自重，他们的行为动机主要来自对自己的高度关注，总是希望得到别人的认可、欣赏和尊重。而低水平自尊的人则常常感到不安，缺乏自信并且不停地自我批评，因此产生焦虑和不快乐。他们总是担心自己做不好而丢脸，常常使自己变得孤立。

心理学家詹姆士提出了一个关于自尊的经典公式：自尊=成功/抱负。意思是说自尊取决于成功，还取决于获得的成功对一个人的意义。从这个公式可以看出，我们要提高自尊水平，可以通过增大成功或是减小抱负来实现。

这一点其实很好理解。要是一个人过去的每一次努力，几乎都能获得成功，这样他就会对自己形成一种认识——只要我做事，一定能够成功，所以他变得很自信，自尊水平就会提高。又或是，他在生活中降低自己的成功标准，将目标放低一些，也能达到提高自尊的目的。

心理学家曾做过一个有趣的投环实验：投掷距离由被试者自己确定，距离越远，投中的得分越高。实验结果表明，凡是抱负水平高的人，多选择在中等距离投掷；而抱负水平较低的人，则多选择很近或很远的距离投掷，即他们或者要求很低，或者孤注一掷。由此可见，真正具有高抱负水平的人，他自己定的目标总是适度的。

美国积极心理学大师阿兰·科尔认为，我们可以从以下四个方面提高自己的自尊：

1.技能训练

个人可以通过学习和培养问题解决、社交、自信心、学业、工作等提高自尊。

2.环境改变

可以通过居住环境、学习环境、生活环境、工作环境、人际交往环境等的改变来提高自尊。例如，工作培训、变换工作、搬迁地点等。

3.认知治疗

认知治疗可以从两个方面来理解，第一是利用心理咨询方法；第二是利用积极心理学中的一种自我心理、思维和心态调整的自我身心保健方法，通过自我调适提高自尊。

4.培养积极的心理和情绪

提高个人的心理自尊，最关键的还在于培养自己的积极心理和情绪，以及对幸福的认知和体验。一个对幸福没有理解的人，不可能有积极的情绪和正常的自尊评价。

健康饮食与自我形象重塑

有一部美国电影叫《出水芙蓉》，剧中的女校长曾向她的女学生们讲了这样一句话，女人每天要对自己说："我有个秘密，我长得很美，人人都爱我。"心理学家认为，无论如何，热爱自己的人都会比不在乎自己的人幸福很多。这里，我们可以引申为，热爱自己的人也比过分在乎自己的人幸福更多。

所以，我们要懂得热爱自己，欣赏自己，而不是偏激地关注自己。

一项关于人们对自我形象（体形）的调查指出，我们比以往更健康，身体更壮，但是我们却越来越不满意自己的外表。据报道，5%左右的女大学生服用泻药来维持体重；56%的25~34岁的女性在节食；69%的肥胖人群是由于暴饮暴食造成的；20%的肥胖人群死于肥胖带来的疾病。

影片《绝食美女》中的女主角知子是个很擅长绘画的女高中生，某天，她心仪已久的明对她说无法接受她，陷入绝望的知子在房间里照镜子时，无意中看到里面一个很胖的少女在向她看，此后一看到玻璃上自己的影子，她就会有强烈的呕吐感。

知子是一个单亲家庭的孩子，她和母亲相依为命，但母亲的关爱无形之中让她觉得有压力。在学校里，所有人都嘲笑她，她孤单无助，与同学们格格不入。

知子从此开始害怕变胖，她是一个爱画画的女孩，有着丰富的想象力，在她的画里画得最多的就是手。然而，在镜子里，她看到自己一双胖胖的手正在搓揉同样臃肿的脸的时候，她害怕极了。她画里的手是多么柔美纤细，而真实的手却是胖乎乎的。她想要快速改变这个令人作呕的事实，于是她开始想象，在幻想中，她的手发生了变化。

当她终于美起来的时候，却有了另一种欲望，那就是吃，不停地吃，无法控制地吃……

过分地追求完美，对自己要求苛刻，让她的性格越来越孤立，她经常一个人独处，沉浸在自我幻想的世界里。她穿着宽大的衣服，看着自己的双下巴，再次陷入无比难过中。每当母亲说“怎么会突然胖起来了”的时候，她就心乱如麻。

有一次，她拿起了削笔刀……之后她变瘦了，变得完美。她割下了自己的肉？可是为什么没有任何伤口呢？

这部电影给观众留下了深刻的印象。其实它的道理很简单：既不能有无所谓的追求，也不要太放纵自己。

生活中，有很多像故事中这样的女孩，她们不是在进行减肥中，就是走在厌食的路上，而一旦对身材不满，就会通过暴饮暴食发泄，自我折磨。

一位来自美国俄亥俄州纽卡莱尔的女孩，5 岁时跟家人去了一次快餐店，从此就一发不可收拾地爱上了吃薯条。她一日三餐都以薯条为食，而且一吃就是 30 年，对其他任何食物都反感。据医生推断，她患上了进食障碍症。

在心理学中，有一项自我形象技术，就是重塑自我形象。通过此项技术，一些自认为是失败者的人会逐渐趋向于成功者。他们会用一种自我观想的方法将自己重塑成一种积极的“内心形象”，这促使了他们人生的成功。

电影《瘦身男女》的故事情节很多人都十分熟悉，影片中的女主角 Mini 遭受失恋的打击后，饮食失去控制，体重升至 260 磅，曾经的窈窕身材一去不复返。她与初恋情人黑川约定在十年后相见，但旧貌不再的她深感自卑。一位同样体形极胖的肥佬偶然与 Mini 相识，非常同情她，决定帮她重塑魔鬼身材。肥佬不仅用地狱式减肥方法锻炼 Mini，而且不惜在街头被拳击换取酬劳，让她上专业美容院减肥，肥佬的付出令 Mini 感动不已。十年后，恢复昔日苗条身材的 Mini 准时赴约，黑川向她提出求婚，可是她心中仍念念不忘为她默默付出的肥佬。

所以说，不在于你的形象如何，先天的条件多么劣势，通过自我形象技术，一样可以重塑最好的自己。

自我观想在自我形象重塑技术中产生巨大的牵引作用。例如，你小时候立志要做一个医生，那么在脑海中便不断出现一个穿着白大褂的你，这个影像会产生一种驱动力，鼓励你努力学习，直到医生梦完成为止，这就是观想的效应。

心理学研究表明，一个人的自我形象、个人心理和精神上的观念，或者自我观想“图像”，是左右其个性和行为的真正关键。一旦明白了这个道理，利用自我形象技术，人生就会有很大的改变。

请牢记：想象+体验=自我形象。

自我形象技术运用三大步骤：（1）利用自我观想，将你的神经系统变成一台“成功的电脑”。（2）在内心深处输入“胜利感”；（3）在行动上产生“胜利的行动”，这样逐渐便会成为一个“胜利者”。

积极的自我形象，将引导你走向成功；消极的自我形象，将引导你走向失败。如果你现在很消极，就请你看看自我形象技术给你的几条建议：

热爱自己。任何人都有优势、劣势，要把着眼点放在自己的优势上，要看自己的长项。

天天照镜子，欣赏自己。看着镜子中的自己说：“你很漂亮，我爱你。”“你很棒，我很喜欢你。”欣赏是建立自信的一个重要方法。

注意仪表。仪表不仅是对别人的尊重，也是一个人内心的外在表现。

学会微笑，要笑口常开。

结交积极向上的人。

写出自我激励的警语。

十二
“未满 18 禁”的秘密：
变态性心理

【本章关键词】

性心理障碍 同性恋 救世主情结 斯德哥尔摩综合征 两性心理 性幻想 马斯洛需要层次理论 病态渴望被爱 情感饥渴症 被爱妄想症 网络婚恋症 青春期性困惑 性自慰

男人一年中有24天不想见老婆。英国对近万名男性进行调查，发现已婚男性平均每周要花7小时36分钟的时间独处，以一天清醒16小时为计算基础，这相当于一年内他们有24天11小时想躲开妻子。随着年龄的增长，男性想躲开妻子的时间会有所增加。

爱情的原动力——性欲

古希腊神话传说认为，远古时代，人本来是雌雄同体的生物，叫作“男女”。它有四只手，四条腿，一个头，四只耳朵，正反两副面孔，是个胆大妄为的怪物，搞得奥林匹斯山上的众神忐忑不安。为了安抚众神，宙斯将它撕为两半，每半个有两条腿、两只手。被分开的“男女”痛苦不堪，忍着痛苦急切地寻找另一半，找到后就纠结在一起，强烈地希望融合为一体。于是，自此以后，世间的男男女女始终不知疲倦地寻找另一半，演绎着一段又一段的动人故事。

研究和观察表明，男子和女子的性欲是爱情的动力和内在本质。这是繁衍后代的本能。

德国古典哲学家康德，一生从没有坠入过爱河。不过他到中年时也说过，对异性的倾慕是男女之间所有激情的基础。英国性学泰斗霭理士在他的《性心理学》一书中写道：“恋爱的发展过程可以说是双重的。第一重的发展是由于性本能向全身释放……第二重的发展是由于性的冲动和其他性质多少相连的心理因素发生了混合。”

可是在人类发展史上相当长的一段时间内，性欲被认为是丑陋、淫秽的东西，而以其为动力的爱情是让人津津乐道的。对爱情中的性欲的扭曲表现为两个极端：贬低压抑和过分夸大。

性科学的研究表明，正常的性生活可以促进性激素的正常分泌，协调体内的各种生理机能，也是心理健康的需要；长期的性压抑对人的身心健康不利，甚至会导致一些身体及心理疾病。中国古代房中养生对性生活与身心健康的关系，就已经有大量科学的论述。如《抱朴子》中说：“阴阳不交，则坐致壅阏之病，故幽闭怨旷，多病而不寿也。”这里的“幽、闭、怨、旷”，即指长期得不到性满足的人。《备急千金要方》亦云："男不可无女，女不可无男。无女则意动，意动则神劳，神劳则损寿。"以上观点都是反对性压抑的。主张正常的性生活是人类天性之需，是生理和生活情趣上不可缺少的。如果人为地抑制这种功能，就会带来许多疾病。这种观点与现代医学及心理学的研究是一致的。

研究发现，人丧失配偶后，患病率增加，容易衰老和早逝；感情越深者，影响越大。我国心理咨询案例资料说明，由于婚姻问题或性生活不满足而产生的矛盾和心理冲突，可以使人出现种种神经官能症的症状，如睡眠障碍、神经衰弱、焦虑状态、抑郁情绪等。巴黎夏科教授和维也纳罗巴克教授研究证明，大量精神病患者的患病诱因在于：在某种条件的性压抑下，人的正常的性满足欲望被剥夺了。性压抑还可能导致性变态，如同性恋、窥阴癖、露阴癖等。有相当数量的性变态者都承认，自己的性变态行为是在强烈的性欲望得不到满足的情况下做出的。

性欲的满足与否还会产生一定的社会效应。美国心理学家和社会学家针对一千对夫妻做了一个调查，结果表明，妻子需求的排列次序是：爱情；互相忍让；互相尊重；性生活美满。丈夫的夫妻生活需求依次是：爱情；性生活美满；思想沟通。

法国民意测验调查所对各行业、各年龄阶段的一千多人进行了调查，当问及"什么样的人最幸福"时，83%的人认为性生活美满的人最幸福。反之，性压抑会给社会带来危害。例如，江苏某工厂，有女工 290 人。几年中恋爱结婚的有 76 人，婚后闹离婚的有 24 起，占 31.5%，离婚缘由中性生活不协调的占 1/3 以上。

另一个极端是爱情中性欲的夸大。如奥地利心理学家、精神分析学说创始人弗洛伊德把情爱还原成性欲，认为性爱是一切幸福的根源。他在《文明及其缺憾》中写道："性爱为他提供了最大的满足，所以对他来说性爱实际上是一切幸福的原动力，曾驱使他循着性关系之径追寻更进一步的幸福。"他把爱情、仇恨、雄心、妒忌等解释为性本能的各种形式的诸多结果。

虽说性欲是爱情的原始动力，但是性并不是爱情的全部，不要把性进行夸大；爱情的起点是性的吸引，但性本身却并不就是爱情。真正的爱情既包含了性，又超越了性。其实性欲是人潜在的力量，社会观念及道德标准有力地控制着它。只有当理想对象出现、爱情开始之后，性欲才开始释放。

性心理障碍

没有爱的性是痛苦，没有性的爱是缺憾。性爱是人类性生理、心理发展的必然产物，既是人类延续的一种本能行为，也是人类的一种情感寄托。

性爱是人类情感、理智、精神、肉欲、激情和爱的情感综合，是人们获得幸福和欢乐的精神源泉。与心爱人的正常性爱令人愉悦，是双方感情强化的纽带。但如果出现非正常状况，就会导致性心理障碍。

人类的性活动一方面是生理现象，另一方面是心理现象。当性生理功能或性心理出现异常，我们称为性活动障碍。性生理障碍如性功能失调、性生活障碍等。性心理障碍的常见表现为性心理变态。

国外的一项调查研究显示，心理原因是导致性心理障碍的最主要原因，由单纯心理原因和心理生理混合原因引起的占这类障碍的70%。

网上有一则新闻报道，说的是一位外地打工的女青年，在一家个体诊所求医时被该诊所的医生奸污，并受到该医生的胁迫与之同居。在二人同居后，为了防止女青年“不忠”，医生竟然用一种所谓的“贞操锁”锁住女青年的阴部。这种行为从心理学角度讲，就是一种性心理变态。

性心理变态是性心理障碍的一种，它是指性心理或性行为的异常表现，对个人的精神创伤和心理痛苦造成较大的危害。

性心理变态专指性身份障碍、性偏好障碍和性指向障碍。它包括两个方面:一是性爱对象的变异；二是性欲满足方式的变异。著名心理学家弗洛伊德将性心理变态分为量的异常和质的异常。其中量的异常包括性功能亢进，如色情狂等；质的异常包括手段异常及性对象异常，如露阴癖、窥阴癖、性虐狂、同性恋、恋童癖、兽奸等。

性心理变态患者厌恶正常性行为，其变态性冲动呈强迫性，往往难以克制和摆脱，性心理是以异常行为满足个人性冲动。对性心理变态患者来说，正常人不会引起性兴奋的某些物体或情境，对他们都有强烈的性兴奋作用，从而形成歪曲的性冲动或行为。

关于性心理障碍的病因，可从医学角度和心理学角度双面分析，主要有以下几点：

1.遗传因素

性心理障碍的发生与一定的人格缺陷有关，心理学研究认为，同性恋的发生有遗传因素基础。

2.生理因素

性心理障碍的发生与发展与人类性腺活动密切相关。在一项关于胎儿的激素影响与性心理发展关系的研究中，结果表明，胎儿期雄激素的存在会使出生后的性行为类型为男性，而出生前雄激素的缺乏，则会发生同性恋行为。有学者认为，性腺内分泌不平衡是同性恋的生理原因。

3.环境因素

儿童期是性心理发育的重要阶段，而家庭的影响对性心理障碍的发生起着重要作用。

4.心理因素

弗洛伊德认为，性变态心理也有可能来自幼年性经历的再现和延续。怕羞、胆怯拘谨及缺少排解心理困境和应变能力的个性、创伤性心理诱因等，都会在一定程度上影响性心理障碍的发生和发展。

同性恋：无关罪与罚

同性恋现象在人类历史上、各个文化当中普遍存在。同性恋，顾名思义，即同性之间的爱恋。它属于性偏离中的一种。同性恋者的情爱发生错位，所追求的性爱对象是同性，而不是异性。

荷兰阿姆斯特丹大学医学专家经研究声称，母亲在怀孕期间吸烟或喝酒会影响孩子的性取向和智商。除此以外，母亲的压力大和严重环境污染也会对胎儿产生类似的影响。因此，孕妇吸烟喝酒可能降低孩子的智商，容易使孩子成为同性恋。

现在非常流行的“腐女”主要是指喜欢男男爱情的女性。她们在对性幻想感到难为情以及对爱情和性的难以抑制的渴望双重矛盾心理下，滋生出了关于男男之间的同性恋幻想。

同性恋者的行为表现具有以下特征：

在行动或幻想中，喜欢与同性发生性关系，以同性作为恋爱和性欲满足的对象，反感异性恋；

在同性恋中，有的是绝对的同性恋，对异性毫无兴趣，有的既恋同性，也对异性有正常的性亲昵行为；

同性恋者以抚弄阴部、乳房刺激、身体接触、口淫、相互手淫等为常见方式。但有的同性恋者只限于对同性心理上的欣赏，肉体上不发生关系，这称为精神性同性恋；

此外，还有一种被称为假性同性恋。这类人因缺乏与异性接触机会或由于环境因素影响而暂时转向同性恋。

高中男生小 K 是一位性格内向、懦弱的男孩。不知从什么时候开始，他对同班一男生产生好感并逐渐接近和交往。不久，两人成为亲密无间的“好朋友”，除了经常幽会，还会相互拥抱、接吻，甚至相互抚摸生殖器，从中获得快感。后来发展为数次同居、发生相互手淫和肛交行为。小K的家长已经给他介绍了一位女孩，但他已经缺乏对异性的好感和冲动，依旧同他的男伴侣在一起，过着男男爱情生活。他没有正常良好的社交活动，工作能力也不断地下降。有时，小K也为此紧张焦虑，痛苦不堪，但却无法自拔。

经诊断，小K的行为属于被动型同性恋。

同性恋者男女均有。男同性恋与女同性恋二者存在着很大的不同。通常情况下，男同性恋者远远多于女性；女同性恋者之间的联系一般比较固定，而男性之间较不固定；女性同性恋多较隐蔽，不易发现，只有少数几个同性伴侣。男同性恋者的性冲动较正常人更为强烈，性生活的频率及性伴侣的数目均较正常人多；部分男同性恋者的行为带有女人气，喜欢按照女性的活动方式行事。部分女同性恋者的行为则带有男子气息，喜欢从事男性的活动和以男性的方式办事。

同性恋者的性取向远远发生在性成熟之前，在幼年时期就表现出种种迹象，如爱扮演异性角色等。到了青春期后，同性恋行为逐渐明显，持续表现出对同性的性爱倾向，而排斥对异性的性爱倾向，但并不表示他们绝对不对异性产生性爱兴趣。

同性恋的持续时期是不同的，有的人一生都是同性恋者，有的人只有一个时期是同性恋者。

有关同性恋的话题已不在少数，全球各地都有对同性恋生活和情感发展的相关报道。但是，我们仍然心存疑惑：为什么同性的人会产生爱恋的情感呢？经研究表明，这是多种因素共同作用的结果，其形成与遗传、激素失调、体格特征及社会文化的影响密切相关。

同性恋形成的心理特征主要有以下三个方面：一是早期形成的对性欲的敌视，其后发展为对性欲特别是对异性恋的否定；二是自尊心和自信心低；三是对同性恋性满足的强迫性不断增强。

在幼年时期，受家庭环境对性角色期望倒错的影响，男性被按女性的角色培养，女性按男性的角色培养，从而导致儿童在性别认同上发生倒错。这样就会造成成年后对同性产生好感，对异性失去兴趣。

总之，同性恋是一种独特的文化现象和社会问题，随着社会的发展，同性恋问题越来越成为社会关注的热点。对于人类这样一种偏离常态的性倾向和性行为，人们传统上认为它是一种严重的疾病，而国外学者则认为，同性恋是与生俱来的性取向问题，而非疾病。人们对同性恋者和同性恋现象越来越趋向宽容的态度，世界上一些国家和地区已经在法律上承认同性恋者的权利，同性恋者结婚组建家庭的事件也并非罕见了。

总是爱上“坏小孩”

在网吧里，冰儿认识了一个小男孩，因为他们都喜欢网络游戏“劲舞团”。小男孩很厉害，冰儿眼巴巴地看着小男孩那优美的舞姿，而自己却像傻瓜一样愣愣地站在那里“左摇右晃”。后来，小男孩开始教冰儿玩“劲舞”，冰儿渐渐地喜欢上了这个小男孩。

时间久了，见面时，两人就像相处了很久的恋人，漫步在细雨中，一起去照大头贴，一起去吃饭，一起去跳舞，一起去唱歌。虽然小男孩吸烟、喝酒、爱打架，但冰儿觉得没关系，“重要的是，他对我很好。”冰儿觉得很快乐。

快乐总是短暂的，小男孩逐渐开始对冰儿爱理不理，回冰儿的短信不是“嗯”就是“是”，对冰儿的电话充耳不闻，电话打多了他就关机，

冰儿陷入了痛苦之中，是什么让小男孩的变化如此之大？冰儿比小男孩大一岁，她认为小男孩还小，不懂得什么是爱情，不太会呵护女孩，他把爱情当游戏。

一次，冰儿留意到小男孩的手机背面大头贴换成了另外一个女孩。冰儿开始感到心酸，泪水止不住地涌出来……

冰儿逐渐失去了小男孩的消息，她不敢发短信，怕小男孩不回；不肯打电话，怕受伤，怕听到的是小男孩冷冷的声音。冰儿常常望着满天的繁星，心里默默地叹息：是放弃？还是坚持？

对于大多数的人来说，爱情恐怕是世界上最能让人体验到甜蜜和快乐的情感了，但是心理学家苏珊·福沃特却拥有一个与众不同的观点。她认为，爱情对于某些人来说是成长的良药，但是对于另一些人来说，爱情是一种病，一种迷恋的疾病。故事中的冰儿很不幸地患上了这种病，无法自拔。

有一位出身良好的女孩，每次恋爱都会引发她和家人、朋友之间的冲突。因为让她神魂颠倒的男人，总是那些劣迹斑斑的坏男人。

生活中你是否也遇到过这样的人？好女孩坚持认为坏男人是早年遭受过心灵创伤的“可怜小孩”，认为只要自己付出的爱足够多，做得足够好，就可以把他们从糟糕的境遇中拯救出来，为此情愿牺牲自己的生活。

像这样总是以天真的面目去拯救别人，却一次又一次地遭到打击，而依然乐此不疲——就是在爱情中拥有“救世主”情结的人。

也许一般人难以理解，但是对具有“救世主”情结的人来说，无论是酗酒成瘾的瘾君子，还是劣迹斑斑的大骗子，都是极富吸引力的。不管这些家伙拥有多么糟糕的问题，哪怕是他们的家人也早已经放弃了他们，这些“救世主们”依然相信自己有能力拯救他们。

陈星学习一直很好。上中学时，班上有个坏男生抽烟、喝酒、打群架，被老师称为“混世小魔王”。陈星不知怎么就从心底里涌出一份怜爱，她希望并且相信自己能够用爱拯救这个坏小子。

为了跟这个坏男孩打成一片，陈星不但打扮上开始追新，而且学着跟那群坏孩子一起旷课、与老师作对。老师联合家长对陈星不断地进行说服教育，可她依然我行我素。

虽然一片好心，结果却并不如陈星所愿。不但坏小子不买她的账，就连自己的学习成绩也一落千丈。

大学毕业后，陈星与小她两岁的男友决定结婚。结婚后，她才知道老公竟然吸毒。这让陈星很震惊，但她也默默发誓：一定要帮助这个男人戒毒。

一定要让这个男人感到幸福。

爱情是一场拯救的开始。刚结婚那两年，陈星一次次努力地帮助老公戒毒。在这些日子里，她几乎天天为这个男人担惊受怕，虽然监督他、跟踪他，送他去戒毒所……然而，收效甚微，每每她以为老公已经戒毒了，事实又给她无情的打击。这期间，父母都劝她放弃他，陈星说：“如果我也放弃了，他就只有死路一条了。”老公在戒毒所里，陈星一次次发手机短信给他：“老公，我不能没有你。我爱你!”

这场拯救战耗尽了陈星的精力，独自一个人的时候，她总是以泪洗面，恨不得马上死去。然而只要面对老公，她的脸上就充满了微笑，眼神中满含着期待。

那天，陈星去戒毒所接老公，她对依然虚弱的老公说：“别怕，有我在呢。”陈星知道，自己的又一次拯救运动开始了……

陈星就是一个典型的具有“救世主”情结的人，从喜欢上坏小子，到嫁给吸毒鬼后仍不离不弃，相信自己能够把他们带出泥潭。即使一次次受到打击，仍然不放弃，于是她也无可奈何地被笼罩上了悲剧的阴影。

对于“救世主”来说，为对方付出是难以抗拒的需求，如果对方能因为自己而有所改变，那么“救世主”的价值就得到了最好的体现。对于这些人来说，表面上来看，她为被拯救的一方做了很多的事情，控制了事情的发展。但实际上，对这一段关系起着控制作用的，总是那些看上去被她拯救的人。因为“救世主”最大的恐惧就是“无人可救”，一旦被对方抛弃，“救世主”的价值就无从体现了。一些生活很糟糕的人，正是巧妙地利用了对方的“救世主”心理，将其牢牢地控制在自己的手里。

斯德哥尔摩综合征

两名有前科的罪犯奥尔森与克拉克·奥洛福森，在意图抢劫瑞典首都斯德哥尔摩市内最大的一家银行失败后，挟持了四位银行职员，在警方与歹徒僵持了 130 小时之后，因歹徒放弃而结束。然而这起事件发生后几个月，这四名遭受挟持的银行职员，仍然对绑架他们的人显露出怜悯的情感，他们拒绝在法院指控这些绑匪，甚至还为他们筹措法律辩护的资金，他们都表明并不痛恨歹徒，并表达他们对歹徒非但没有伤害他们却对他们照顾的感激，并对警察采取敌对态度。更甚者，人质中一名女职员克丽斯汀竟然还爱上劫匪奥洛福森，并与他在服刑期间订婚。

这两名抢匪劫持人质达六天之久，在这期间他们威胁受俘者的性命，但有时也表现出仁慈的一面。在出人意料的心理错综转变下，这四名人质抗拒了政府最终营救他们的努力。这件事激发了社会科学家的研究兴趣，他们想要了解在掳人者与遭挟持者之间的这份感情结合，到底是发生在这起斯德哥尔摩银行抢劫案的一宗特例，还是这种情感结合代表了一种普遍的心理反应。而后来的研究显示，这起研究学者称为“斯德哥尔摩症候群”的事件，令人惊讶不已。

斯德哥尔摩症候群又称斯德哥尔摩综合征，是指犯罪的被害者对于犯罪者产生情感，甚至反过来帮助犯罪者的一种情结。这个情感造成被害人对加害人产生好感、依赖心。

西方心理学家这样解释斯德哥尔摩综合征：人质会对劫持者产生一种心理上的依赖感。他们的生死操在劫持者手里，劫持者让他们活下来，他们便不胜感激。他们与劫持者共命运，把劫持者的前途当成自己的前途，把劫持者的安危视为自己的安危。于是，他们采取了“我们反对他们”的态度，把当局当成了敌人。

据心理学家的研究，情感上会依赖他人且容易受感动的人，若遇到类似的状况，很容易产生斯德哥尔摩综合征。

心理学家还指出，斯德哥尔摩综合征的产生需要具备四个条件：

人质必须有真正感到绑匪（加害者）威胁到自己的存活；在遭挟持过程中，人质必须体会出绑匪（加害者）可能略施小惠的举动；除了绑匪的单一看法之外，人质必须与所有其他观点隔离（通常得不到外界的讯息）；人质必须相信，要脱逃是不可能的。

有一个真实的案例，印证了斯德哥尔摩综合征。

27 岁的卡罗离开位于俄勒冈州尤金市的家乡，启程去探访一位住在北加利福尼亚州的朋友。北加利福尼亚州距离俄勒冈州大约有 644 公里的路程，路上她搭了个便车，车上是一家三口，男主人叫卡门龙，妻子叫珍尼斯。车行到半途的时候，卡罗突然被勒令举起双手，蒙上眼睛，随后，卡罗被带到了一个屋子的地窖里。

卡罗清楚记得卡门龙把她身上的衣服脱去，一条鞭子狠狠地抽打在她的身上。从此以后，卡罗每天先被毒打一顿，然后吊在门檐上，脚尖仅仅踮到一点点地面。最初的一段时间内，卡罗完全生活在黑暗中，卡门龙特意用金属做了一个双层头罩和像棺材一样的箱子，她在里面不能吃、喝、听、看。

卡门龙是一个十足的虐待狂，他崇拜古代的奴隶社会，长期沉迷于带有暴力倾向的色情文学，他把卡罗当成自己的俘虏，而自己就是奴隶主。从卡罗的身上，他得到了征服感和占有感的满足。

卡门龙疯起来的时候会把卡罗的头按在水里，直至卡罗几乎窒息，或者接通电线，或者用手扼她的脖子。而鞭打是每天的家常便饭，有时卡门龙还拍下卡罗的照片，然后在家里冲洗。每当卡门龙折磨卡罗的时候，他就会变得异常兴奋。卡门龙还想出了千奇百怪的主意来实施自己的虐待欲，包括在地下杂志上剪下一份据称是出售灵魂的契约，强迫卡罗签下。他还在卡罗的阴唇上穿了一个洞，说这是他们的“结婚戒指”，并说希望有一天可以和她生孩子。当确定卡罗不会试图逃跑时，卡门龙决定要和卡罗结婚。自此，卡罗有了更多的自由，她可以每天去洗澡、干家务活，甚至允许她出外慢跑，而卡罗每次总是会回来。一些邻居也开始看到了卡罗，他们都以为她是这家的保姆。

实际上已被绑架了3年的卡罗是有许多机会可以逃跑的，但是她并没有这样做。卡罗被囚禁了7年，直到卡门龙的妻子珍尼斯突然良心发现，加上嫉妒卡罗的“得宠”，帮助她逃离了这个地狱。令人难以置信的是，卡罗在回到自己的家以后，还一直打电话给卡门龙，卡门龙哭着企求卡罗回来，而卡罗向他保证绝不起诉他。直到卡门龙的妻子珍尼斯离开了卡门龙，找到了一个心理医生，他们聊了将近两小时，珍尼斯把故事全部说了出来，于是心理医生报了警。

最终，卡门龙被正式逮捕。在法庭上，主控官描述了卡门龙最喜爱的一部电影，片中讲述了一个虐待狂绑架了一个年轻的姑娘，并把她变成了一个顺从的性奴。这个女孩最终变得忠心耿耿，甚至为她的“主人”牺牲了生命。主控官试图以这种戏剧化的形象，向陪审团证明卡门龙如何深受这部电影的影响，而卡罗也和片中的女孩一样，被卡门龙完完全全洗了脑而丧失了个人的意志。此外，压在卡罗身上的是一种无形的恐惧和枷锁，因为害怕遭到报复，所以她一直不敢逃走。

在现实生活中，我们有时候会看到这样的场景，一个温良贤淑的妻子嫁了一个十分暴戾的丈夫，尽管这个丈夫对妻子总是施以家暴，但是妻子始终没有萌发离开丈夫的念头，一直陪伴在丈夫的身边。其实，这也是斯德哥尔摩综合征的一种表现，对于妻子而言，丈夫既是施暴者，又是爱的给予者，施暴后的给予反而让妻子爱上了丈夫。人们常说，爱情的产生是莫名其妙的，从某种意义来看，斯德哥尔摩综合征正支持了这一观点。

探秘两性心理

男人一年中有24天不想见老婆？英国对近万名男性进行调查，发现已婚男性平均每周要花7小时36分钟的时间独处，以一天清醒16小时为计算基础，这相当于一年内他们有24天11小时想躲开妻子。随着年龄的增长，男性想躲开妻子的时间会有所增加。

男人和女人，从来到这个世界的那一天起，相互之间就存在着差异。随着成长，心理差异逐渐表现出来。研究表明，男女心理的发展速度和水平是不完全一致的。出生到青春发育期这一段时间，女孩的心理发展较超前；从青春发育期开始，男女心理发展状况总体趋平，当然性别特征和性别差异是明显的。

1.两性情感心理差异特征

在情感心理上，男女差异也非常明显，归纳如下：

女性情感丰富，男性情感受到许多理念的抑制而相对较少；女性比男性容易动情；女性情感易变，男性相对稳定；男性情感多停留在表面，易冲动，女性则容易深入体验；男性情感粗犷，女性情感细腻；爱一个人的时候，男性往往热情如火，女性则多温柔体贴；男性感情刚劲，女性感情脆弱；男性对愤怒、惊恐感受强烈，女性则对悲伤、忧愁体会更深刻；女性容易比男性焦虑；女性的感情主观色彩较重，男性则较为理性、客观；某种情感在女性之间会迅速传播，在男性之间则非常迟缓；女性个人情感具有弥漫性，男性情感较集中；男性心胸较开阔，情绪问题少，女性心胸则较狭窄，情绪问题多；女性言行感情色彩重，男性言行感情色彩轻；女性比男性更容易表现出嫉妒、羞怯、惭愧等复合情感，却难以自拔与超脱。

在情感表达方式上，男女有明显差异。女性的情感表达常表现出委婉、含蓄、含糊、暧昧等特点，尤其是女孩儿，偏好掩饰自己的真实情感。例如，让她们对人或事给出一个好坏的评价时，往往得不到其明确答复——遇到非常喜欢的，不说喜欢；对自己讨厌的，也不说讨厌。其实这样可以留给自己很大的选择余地。当被男性追求时，女性更会暧昧有加，这样可以增加自己的神秘感和吸引力，让男性更大胆、热烈地追求自己并考验他的真心。其实，女性有时候自己也摸不透自己，不知道自己到底是什么人，常常没有明确的目标而凭感觉来生活。这是女性情感表达暧昧的另一个原因。

而男性在情感表达上喜欢直截了当，不喜欢兜圈子。对人或事的好坏，他们不掩饰自己的真实情感，会做出明确的决断，好就是好，坏就是坏，不会含糊其词。

2. 两性性行为心理的 7 个特征

自私性——人类性行为具有排他性，这是人类有别于动物性行为的重要特征之一。自私性是两性关系中极为普遍的心理，其中最典型的就是性嫉妒。性嫉妒会使亲密关系遭受重创，轻者伤害了彼此的感情，重者使彼此身心受到双重伤害。

喜新性——人类的喜新心理和创造精神，是推动社会发展的动力，是人类最伟大的品质之一。人类在性行为中也有很强烈的喜新、猎奇心理。相爱的男女一旦洞房结合，彼此心理与生理的一切秘密袒露给了对方，往日对异性的神秘感和追求渴望因此而淡化。于是，在本能的驱使下，两性之间会萌发出追求新鲜感的想法。

脆弱性——正常的性反应很容易受到精神因素的干扰，这就是性行为心理的脆弱性。这些干扰因素中，焦虑是第一位的，愤怒、敌视和怨恨等也很关键。这种脆弱性如果处理不好，可能导致婚姻破裂。

阈值性——人类性行为生理、心理甚至体力上都有阈值，不可能长期使性兴奋保持在一个阈值水平。例如，男性勃起时间与硬度在 20~30 岁达到高峰，而后逐年下降；晨间勃起次数和性能力，35 岁为高峰，以后随年龄增长而下降。

男性随着性的适应与年龄的增大，性刺激的敏感性会降低，耐受性增加。这时就需变换做爱方式或加大刺激强度、时间，达到一定的阈值水平。这是爱情保鲜和性生活协调的心理基础。

调适性——性行为心理具有调适性。主动开展调适活动，改变单调乏味的性生活方式是双方的责任，是防止性转移的最好措施，也是家庭生活美满的黏合剂。

外部性——性爱双方获得了性快乐与性满足之后，生理性压抑得到释放，心里感到欣慰，在对对方的态度、家庭、事业以及人际关系上也都会有积极的表现。这种获得的性外的积极能量，就是性的外部性。

厌倦性——性厌倦是人类对性活动的一种持续性的憎恶反应，是性满足的最大威胁，常威胁家庭稳定。长期单调的夫妻生活，使夫妻把性生活视为“例行公事”，尤其女方，常处于尽义务的被动应付状态，无快乐与满足之感。性厌倦如果不及时纠正与调适而继续发展，很可能导致三种后果：勉强延续婚姻、婚外性生活和家庭离异。利用喜新性增加性吸引的手段，是克服性厌倦的最好方法。

上述种种的男女心理差异，是先天遗传因素和后天环境、教育因素相互作用的结果。男女性别是由性染色体决定的，男性性染色体为XY，女性性染色体为XX。这种遗传差异是两性一切差异产生的基础。男女性腺分泌的不同激素使两性大脑功能的发展存在差异，且使两性气质、性格等方面也不相同。比如，男性的高水平雄激素使他们比女性攻击性强。

后天环境和教育因素对男女心理差异的形成起决定性作用，可以扩大、缩小甚至泯灭先天遗传因素的影响。

性幻想

心理学上对“性幻想”是这样定义的：人在进入意识松散状态后逐渐专注于带有性色彩的想象，称为性幻想。简单来说，指在特定因素的诱导下，人的内心产生与性交内容有关的心理活动过程。

性幻想是性成熟过程中的一种正常的心理现象。

当人在性发育成熟后，会对异性产生爱慕之情，当这种爱慕之情十分强烈，同时受道德和法律的约束而无法满足性行为的目的时，就会通过性幻想的方式使性冲动得以宣泄。

性幻想的过程具体来说是这样的：经各种途径获得的有关性行为的记忆在头脑中进行加工，按自己的愿望不受限制地进行虚构想象，与现实中爱慕的异性或是理想中的异性进行性行为，例如约会、拥抱、接吻甚至性交，并从中体验到一种性的满足，偶尔也可以出现生理上的性兴奋，达到性高潮，有时还会伴有性自慰。

偶尔出现性幻想并无不良后果，但频繁的性幻想可能导致现实中的越轨行为甚至犯罪。据调查，青少年中普遍存在性幻想，通过性幻想缓解性紧张和性焦虑。但如果经常沉溺其中不能自拔，势必影响学习和生活，给心身带来不良影响。

某高中的一位男生非常喜欢年轻漂亮的英语老师，每当上英语课，男生便心猿意马，想入非非，想象自己和女老师一起亲密、拥抱、进行各种姿式的性交。有一次，男生趁单独交作业办公室无人时，竟然将女老师紧紧抱往并强行接吻。最后，难以抑制的性幻想使男生学习成绩下降，精神萎靡，遭到学校严厉批评。

同样的例子还发生在一名大二男生身上。这位大学生平时不求上进，学习不认真，不爱参加集体活动，经常进行性幻想。一次偶然的机会浏览黄色网站后，便不能自制，经常从该网站上下载许多黄色淫秽音像制品和同学一起观看，并进行模仿，最终走上犯罪的道路。

由此可见，青少年性幻想主要是由于对异性的迷恋。在青春发育期，一些少男少女会对自己喜欢的异性产生倾慕和种种幻想。

彼得·斯塔阿茨是巴尔的摩一家医院的心理医生。有一次，他对一群大学生进行试验，让大学生们把双手放进冰水里，直到痛得实在无法忍受再把手拿出来。一些学生难以忍受，只停留了片刻工夫就纷纷将手拿出来。然后，彼得医生又重复一次试验，这次他让大学生们将双手放在冰水里的同时想象一些美好的事情，来转移注意力，结果有性幻想心理的大学生将双手放在冰水里的时间比原来多了一倍。

性欲是人的一种正常的生理和心理需求，在符合社会规范的情况下发生性交、手淫和其他健康的性行为是正常行为。性幻想可以说是大脑的一种自慰表现，仅仅是为了通过性幻想而获得一些满足，无须治疗。但若对此过分依赖，形成癖好，则被视为病态，如幻淫癖、梦淫癖，这时就需要进行心理治疗和调适。

另外，我们还应该注意的是，正常的性幻想要和精神分裂症中的“幻觉”区分开来。

二者有本质的区别。性幻想能够自我控制，是暂时的，幻想的内容也是虚构的，受主观意志所支配；而精神分裂症中的“幻觉”是一种病态，是一种知觉障碍，患者不能辨别虚构还是现实，在幻觉支配下会产生各种冲动、怪异行为。

性幻想是每个正常人都可能存在的，它对我们的性爱有一定好处，为性生活增添乐趣，并非病态。不过幻想宜适度，如果沉湎于性幻想中，则会产生性心理障碍。

有关性幻想，据说还有这样一种趣谈：性幻想有助于女性减肥。当女人按捺不住想要吃零食时，在脑海里进行性幻想，吃零食的欲望就被抛到脑后。

渴望被爱是种病态爱

日本心理影片《被嫌弃的松子的一生》或许早已被大多数人所熟知，其中女主角松子的一生及其命运都给观众留下了深刻的印象和反思，令人唏嘘。

这部影片可以说演绎的是一个女人松子的悲剧人生。从剧情开始，松子的行为就似乎为以后的命运做了铺垫。松子本是一名教师，在她的班里有一位学生被人指责盗窃。作为老师不但没有严厉调查讯问，而是费尽周折替学生顶罪！在此过程中，松子做出了一系列令人匪夷所思的行为：给学生下跪、偷室友的钱包、被失主咒骂、被教导主任揩油……

后来，松子竟然也因为盗窃而被学校开除，从此命运被颠覆。她的爱情道路屡屡受阻，情场坎坷，经历了被男人欺骗、抛弃之后，做了浴室女郎，后来又因犯罪而锒铛入狱，出狱后的松子并没有换来崭新的世界，而是无可救药地陷入了黑社会的旋涡中。命运多舛的松子对世界充满了失望，她选择了消极避世、离群索居，自我折磨。

松子的一生无疑是悲剧的一生，而导致这种结果的原因一方面来自松子的人格特征，另一个重要的因素是她的家庭。

松子在童年时期对父爱充满了极度渴望，但是她的父亲却偏爱终年卧床的妹妹。为了让父亲更爱自己，松子不惜一切代价做着各种努力去讨好父亲。正是这种缺少父爱的童年经历，让松子一生都极度渴望获得男性的爱，而获得爱的方式就是讨好别人。

实际上，松子是一位心中有爱的女人，她渴望赢得别人的爱，希望被爱包裹。在她看来，爱就是一种信仰，是生命的全部。她的一生都在孜孜不倦地追求爱，只要有爱的存在，生命就会充满阳光。影片中的一位朴实的理发师，可以说是走进松子生活的一缕阳光，在两人相恋的日子里，松子看上去异常妩媚迷人。理发师对松子的真爱也许就是她一生中获得拯救的最佳机会，然而令人遗憾的是，他也未能改变她的命运。

由此我们不难看出，松子之所以有如此命运，与她严重的人格缺陷是分不开的。她对爱的渴望已经达到病态的程度，病态的渴望被爱让她在感情旋涡中无止境地陷入和跳出，一次又一次。为了赢得别人的爱，松子丧失了女人的自尊，失去了做人的底线，甘于牺牲，心甘情愿地遭受被毒打、被羞辱、出卖肉体的境遇……可怜的松子最初采用顺从的态度试图换取爱，但是经历一次次的失败之后，她选择了退缩。但是，这一切并没有帮助松子换回真正的爱，她依然被嫌弃。

被嫌弃的松子就这样过完了自己的一生。她的整个生命都在反复地上演着病态之爱，没有建立起独立的人格，没有过真正的自我，她的爱只是为了讨好别人，她的一生都是在为别人而活。可怜，可悲，可叹！

自古以来，情爱就是人们所津津乐道的永恒话题。问世间情为何物？究竟有几人能说得清？每个人都有爱的需求，也有被爱的渴望，然而当爱的需求心理变成一种病态的欲望，就是心理障碍问题。

由此，我们可以借用美国心理学家马斯洛的需要层次理论来分析。需要层次理论包括以下五大内容，并由低到高的顺序依次排序：

（1）生理的需要；（2）安全的需要；（3）归属和爱的需要；（4）自尊和受人尊重的需要；（5）自我实现的需要。

马斯洛认为，这五种需要都是人的最基本的需要。这些需要都是与生俱来的，它们成为激励和指引我们行为的力量。

一个人的生理需要如果得到了相对充分的满足，那么，他就会产生安全需要，包括安全、稳定、依赖，免受恐吓、焦躁与混乱的折磨。而作为需要层次理论重要内容之一的归属与爱的需要告诉我们，人人需要爱与被爱。在这个时候，一个人会强烈地感到缺乏朋友，缺少一个爱人，会渴望与人建立一种感情深厚的关系，渴望在他人心中拥有自己的位置，渴望归属感以及爱与被爱的感觉。

当这种归属与爱的需求达到一定程度甚至发展为异常心理时，我们将它视为病态地渴望被爱心理。这时就像上面故事中的女人松子一样，受到归属与爱的需求控制，内心逐渐感到孤独，害怕遭受抛弃，陷入极大的痛苦中。

一旦陷入病态地渴望被爱，就会处在一种既无力去爱，又极其需要得到他人之爱的困境中。在病态的爱中，不会去追求爱的感受，而是仅仅为了获得安全感。病态之爱很容易令人产生爱的错觉。

病态渴望被爱的人，选择爱的对象时，不考虑对方的性格、个性、局限、需要、愿望和发展，会不顾一切地紧紧抓住对方不放，将对方视为自己的救命稻草，而不会考虑对方是否爱自己。

病态渴望被爱的人，会体贴对方，不惜牺牲个人，不惜一切代价。他们完全意识不到这是一种爱的错觉，反而会千方百计地牢牢抓紧这种爱。他们从不认为自己是缺乏爱的能力，但是对陷入需要得到他人爱的感情困境无法自拔又无能为力。

病态渴望被爱的人渴望爱，但却不能真正接受爱，不相信爱，对它表示怀疑和恐惧。

病态渴望被爱的人希望被所有人喜欢。

渴望从爱中获得安全感的女人，不加选择地追求任何男人，不断开始爱情，又不断结束，只希望有男人在身边就行，但对他们中任意一个都不喜欢。当然，这并不意味着病态渴望被爱的人没有获得真爱的权利。他们也拥有赢得真正爱情的机遇，只是当有人给病态渴望被爱的人真正的爱时，他们反而会分辨不清，甚至感到恐惧，不敢接受，最终与真爱失之交臂。

病态渴望被爱有两大重要特征，一是需要的强迫性，二是需要的永不知足。

1.强迫爱的需要

病态渴望被爱的人对他人之爱往往具有强迫性，他们会蛮不讲理地强迫别人爱上自己，有喜爱被人高度评价自己存在的倾向。病态渴望被爱的人甚至可以对任何人表现出这种爱的强迫性。如果病态渴望得到同性之爱，就是同性恋。病态渴望被爱的人将爱视为一切，他们会为爱甘愿付出任何代价，表现出顺从对方和情感上的依赖的态度。

2.对爱的需要永不知足

病态渴望被爱的人对爱近乎贪婪，永不知足，但这种对爱的贪心大多数时候会受到压抑。对爱的需要永不知足，常常表现为嫉妒和要求对方无条件的爱。例如，过分地担忧失去对方的爱，一旦遭遇冷落就会认为极其危险；对方的任何其他兴趣被视为一种潜在的威胁，渴望独占对方的爱等。对于要求对方无条件的爱则表现得更为强烈和明显，例如要求对方不计回报，希望对方为自己牺牲一切等。

病态渴望被爱的人对爱是非常敏感的。一旦认为自己被对方冷落，就会认定对方拒绝自己。当出现这种情况时，他们选择的不是唤回、呵护和考察的方式，而是陷入一种焦虑的困境。他们会因此而感到受侮辱，从而激起愤怒之情。对冷落的恐惧会导致病态渴望被爱的人形成胆怯腼腆的性格，成为获得爱的严重障碍。

病态渴望被爱的恶性循环如下：对爱的过分需求，包括要求绝对排他的无条件的爱→由于要求不能实现而产生冷落感→用强烈的敌意对冷落感做出反应→由于害怕失去爱而不得不压抑敌意→由压抑造成愤怒→焦虑的进一步增强→强烈需求获得安全感……

对真爱的正常需求与病态渴望被爱的区别：

什么才是爱一个人的真正表现，如何对对方表示正常的爱的需求？

简单来说，真正的爱——追求爱的感受；病态的爱——追求安全感。而要求对方完美无缺，尽善尽美；把对方当作手段来利用，例如贪图物质享受、无私奉献，不求回报，也并非真爱的表现。

都市人的三大情感问题

出于背景、经历、性格、经济、压力等方面的原因，现代很多都市人不仅身体上出现亚健康问题，情感上也出现了“亚健康”状况。

1.情感饥渴症

情感饥渴症是用来描述一种对爱情极度渴望而又无法获得满足的症状。有这种情感障碍的人有点像嗜酒者那样没完没了地追求所谓的新爱，甚至可以冒家庭破碎的风险，去追求爱情的刺激。

当人有了空虚寂寞感，便容易产生情感的新渴求，如果这种渴求处理不当，便会发展成一种强烈的、不理性的情感，甚至会变成一种疯狂的情感需要，不顾一切地追求不切实际的浪漫爱情。而这种爱情往往以悲剧收场。

很多离异的男女或者长期分居的男女，在经历长期独居生活时，内心往往有一个巨大的空缺，这就是情感饥渴。它是用来描述一种对爱情、对人的正常的情感极度渴望而又无法获得满足的一种症状。

婚恋专家发现，情感饥渴症最易发生在步入中年的男女身上，而男性发生情感饥渴症的概率要高于女性。

2.被爱妄想症

幻想自己“被爱”也是一种病态，称为被爱妄想症。

30岁的Angel在谈到自己的感情经历这样说：“对方向我示爱，写情诗，唱情歌。因为我已经结婚，我不会跟丈夫说这些事情，但是自己心里觉得很开心，情绪很高涨。”Angel说，面对分手多年的前男友的猛烈追求，终于决定同结婚八年的老公离婚。“我以为他叫我跟丈夫离婚，之后跟我结婚。”但是事实原来是这样的：“我先生后来致电给那个男人，其实有这个人，不过对方不喜欢我。事发至今只有我致电给他，以及发短信给他，他没有回复。如果我在报纸看见‘Imiss you’的句子，我会以为是他给我的回复。”

精神科医生证实Angel患上了被爱妄想症。

被爱妄想症其实比较罕见，患者发病期间会误以为自己正在跟某人恋爱，但在现实中根本没有这件事发生，甚至没有这个人的存在。患上被爱妄想症的人，除了认定“妄想的对象”是深爱自己之外，还会做出一些纠缠对方的行为。如写信、发电邮、打电话给对方，甚至去对方所在的城市、住所或工作单位寻找。

虽然患者做出这些异常的行为，通常都得不到对方任何回应，甚至遭到对方拒绝，但仍然会认为自己和对方正处于恋爱中，并且妄想自己正被对方所爱。

3.网络婚恋者的虚拟幸福

除色情、暴力和网络沉迷（网瘾）外，网络婚恋已成为一种新的性心理障碍。痴迷网络婚恋的人，会沉迷于网络中的虚拟“异性”（也可能是同性），其性渴望和性想象在与网络“异性”交往中获得满足。网络婚恋不以追求真实情感和现实婚姻生活为目的，在爱情和组建家庭上是虚拟的。双方除通过网络手段进行联系沟通外，一般不再进行现实生活中的接触（如见面）

交流，也不想去了解对方真实的婚姻情感状态。

网络婚恋与通过网络为媒介进行恋爱而以追求现实的婚姻为目的的网恋不同。网络婚恋者对现实中的异性并不感兴趣，甚至厌倦。一些网络婚恋者在现实中很可能是已婚者。

网络婚恋的形成与个人特质、成长环境和社会文化有关，这类人常伴有内向或自闭，不愿与人交往，特别不愿与同龄异性交往。在现实生活中，婚姻情感生活坎坷，甚至受到过严重的心理创伤，便通过网络婚恋的方式来逃避现实婚姻和爱情。

另外，对现实婚姻的恐惧和厌恶会让网络婚恋者失去对美好情感的信心和勇气，转而对虚拟的非真实的婚姻生活的向往，这种精神上的柏拉图式恋情和虚拟婚姻会让他们感到满足。

安放好青春期的那颗躁动的心

青春期是一生中性最活跃的时期，既是性发育并逐渐成熟的时期，又是性问题困惑最多的时期。这一阶段容易出现各种异常性心理问题。

青春期异常性心理行为问题主要有性愚昧与困惑、性心理行为异常。

1.性愚昧与性困惑

性愚昧是指人对人类自身的性及相关问题的认识缺乏系统的科学知识。主要是指缺乏有关性生理、性心理和性医学的相关知识，从而对性产生一些错误的认识和不科学的观念，影响个人自身的生长发育和身心健康。

在青春期阶段，人的生理会出现第二性征，如女孩会出现月经，男孩会出现梦遗。青春期的男女会逐渐相互产生好奇、倾慕、吸引甚至爱恋之情，出现性幻想、性冲动，这些都是正常的。

处于青春期阶段的少男少女，由于生理和心理还尚未完全成熟，缺乏一定的性知识，在与异性交往中出现紧张焦虑甚至恐惧，而有的因性知识的贫乏或愚昧，做出性冲动的行为，导致悔恨终生。

有的男孩女孩对性知识懵懂，但又不完全了解。认为只要有性生活就一定会怀孕，以为拥抱、接吻也会怀孕，这样的笑话并不少见，令人啼笑皆非。有的女孩对意外怀孕全然不知，对怀孕的知识非常缺乏，直到去医院检查才发现。初中少女妊娠分娩当妈妈的案例屡见报道。

还有的青少年，因性观念性道德不健康，出现男女学生同居甚至群居，涉足色情场所等，严重损害了自己的身体健康，也给社会带来了危害。

2.对性器官和第二性征差异的困惑

对性器官和第二性征差异的困惑是青春期的少男少女常见的心理问题。究其原因，是对青春期生理结构的差异和生理现象缺乏正确的了解和认识。所以，为了摆脱青春期性心理问题的困扰，有必要重新认识一下我们的身体结构。

一般来说，女孩的月经初潮和男孩的首次遗精是性成熟的标志。

人的第一性征是人的性别，它在卵子受精时就已经决定了，出生时男子有阴茎、睾丸和附睾，女子有卵巢、子宫和阴道等，这种生理结构上的特征是男女两性的根本差异，称为第一性征。进入青春早期后随着性器官发育成熟而出现一系列其他特征变化，这称为第二性征。如青春期男孩表现为喉结突出，声音变得低沉，体毛增多，胡须、腋毛、阴毛出现，睾丸变大，阴茎增长增粗，开始遗精。女孩表现为皮下脂肪增多，乳房发育变大，臀部增大，月经初潮等。第二性征的发育会因环境、营养、遗传等多种因素的影响或迟或早，属正常现象。

在青春期阶段，一些男孩女孩会秘密地关注起自己的身体。男生最关心的是阴茎和包皮的问题，一些不必要的心理担忧令他们产生自卑，不敢去公共浴池。而女生最关心的是容貌、身高、“三围”、乳房的发育等。受体形、营养、遗传等多种因素的影响，乳房发育有早有晚，有大有小，所以青春期乳房发育并不影响以后的生育哺乳，女孩们不必为此而困惑。

3.性自慰困惑

性自慰也就是常说的手淫，是指用手或借助工具刺激自己的外生殖器官而获得性快感，引起性高潮的行为过程。男性自慰可伴有精液的排泄，女性自慰可使阴道分泌物增多，体内性紧张感得以缓解。

性自慰是青少年和未婚成年人最普遍的自我性宣泄的方式，以消除性饥渴和性烦恼。国外的资料显示有 95%的男性和 60%的女性有过自慰行为。

由于对性自慰缺乏正确的认识，一些青少年会形成较大的心理压力。性自慰是普遍而正常的一种自然行为，美国精神病学专家阿瑞蒂指出：“性自慰是标准的性行为之一，只不过人们在性自慰时常伴有罪恶感和心理焦虑，才造成了种种不良后果。”

如果性自慰行为不加节制，频繁地追求性刺激，会导致身体过度疲劳，出现腰酸腿软、头昏眼花、食欲不振、焦虑失眠等不适症状，严重的则会影响婚后的性生活。

十三
安能辨我是雄雌：
解读性别认定障碍

【本章关键词】

性别认定障碍 性别倒错 变性人 双性人
假两性畸形 中性化

人的性别有几种？两种，男和女，你答错了！

心理学告诉我们，生理结构和体貌特征并非是判断性别的唯一标准。我们很可能会被“男扮女装或女扮男装”、“女儿面下的男儿身或者男儿面下的女儿身”等假象所蒙蔽。

当“伪娘”遇上“女汉子”，是世界被颠覆，还是我们的眼睛被欺骗？

当活跃荧屏的“变性人”和堪称奇迹的“双性人”同时出现，你是否“安能辨我是雄雌”？

离奇的“性别认定障碍”

什么是性别认定障碍？这个看似十分深奥的心理学名词其实并不难理解，关于这个问题，我们可以先从性别谈起。

提起性别，我们都觉得非常熟悉，人的性别无外乎两种：男或女。我们从一个人的体貌特征上比较容易分辨一个人的性别，如男人通常身材高大，留有短发，蓄胡须，喉结突出，说话嗓音洪亮粗犷等；而女人通常身材娇小，留有长发也可留短发，不蓄胡须，喉结不突出，说话嗓音温柔、细声细气等。此外，男女最显著的性别差异标志是其生理结构的不同。

那么，我们是不是可以说，通过生理结构和外貌特征的差异就可以确认一个人是男人还是女人呢？又是什么原因让我们自己认为自己是一个男人或一个女人呢？这个问题值得思考。

先来看一个故事：

25 岁的澳大利亚小伙威尔原本是一名漂亮的女美术设计师，然而从 7 岁上学时起，她就一心想成为一名男孩，并且十分痴迷橄榄球运动，渴望能像男生一样在草地上踢橄榄球。威尔 23 岁时，毅然接受了变性治疗，从一个性感美女摇身变成了英俊帅哥，成为澳大利亚乃至世界橄榄球史上首个变性球员。

通过该故事，我们或许会对问题的答案心存疑惑，原来生理结构和体貌特征并非是判断性别的唯一标准。我们很可能会被“男扮女装或女扮男装”、“女儿面下的男儿身或者男儿面下的女儿身”的假象所蒙蔽。

心理学研究认为，能够判断性别的不是人的生理结构，而是一种深层的个人感觉，我们将它称为性别认定。如果一个人的生理性别和他的心理性别不一致，就造成了性别认定障碍。例如，一个男人的生理特征表明他的性别是男，但他的内心里想变成一个女人，也就是说他的心理性别认定自己是个女人，那么就出现了性别认定障碍。同样，一个女人的生理特征显示性别是女，但心理性别认定自己是男儿身，也是性别认定障碍。

所以，简单来说，性别认定障碍就是一个人在自身生理性别下表现出了异性的心理性别。性别认定障碍通常情况下比较罕见，男性发病率多于女性。

认识性别认定障碍，要注意以下几点：

1.性别认定障碍不能与异装癖等同

异装癖是指通过穿戴异性的衣物或饰品来产生性唤起，主要目的是为了得到性满足。而性别认定障碍是指一个男人或女人希望公开的、完全地以异性的方式生活，通过某种手段使自己变成异性，而非以性欲为主要目的。

2.性别认定障碍是一种性别倒错，而非性欲倒错

性欲倒错是指对物产生性唤起，不该引起性冲动的事物却引起了性冲动，恋物癖、异装癖、露阴癖等都是一种性欲倒错。而性别倒错指的是对自己性别角色的不适应，生理性别与心理性别不相符合。性别认定障碍是一种性别倒错，而不是性欲倒错。

人的性别不只是 2 种而是 5 种

自古以来，人们便视亚当和夏娃为人类的始祖。通过繁衍，孕育出成千上万的亚当和夏娃的后代。然而，从心理学角度来看，上帝不止创造了亚当和夏娃，还创造了当娃、亚当当和夏娃娃。这也构成了 5 种性别：亚当（男人）、夏娃（女人）、当娃（雌雄同体）、亚当当（男两性人）和夏娃娃（女两性人）。

在我们的生活中，大多数人都是“亚当”或“夏娃”，只有一少部分属于“当娃”、“亚当当”、“夏娃娃”其中的一种。

那么雌雄同体的“当娃”具有怎样的特征？简单说，他们以雌雄同体为主要标志，也就是在他们身上生长有发育完全的两套生殖系统。他们一出生既有睾丸又有卵巢。

格罗内尔德 1986 年出生，异乎寻常的是这个孩子生来就有两性生殖器官，最终，孩子的父母还是为她取了个女性化的名字：莎拉。莎拉—格罗内尔德自小就显示出出色的网球天赋，但性别疑问始终是个麻烦。19 岁那年，莎拉决定成为一名 100%的女性，她进行了男性生殖器切除手术，术后通过了性别鉴定。

而男两性人“亚当当”，是指生理上具有更多男性特征的两性人。他们的睾丸发育完全，而属于女性部分的卵巢则发育不完全。

同样，对于女两性人“夏娃娃”来说，她们有发育完全的卵巢，但只有部分男性生殖器。

了解了 5 种性别的特点之后，我们便可以进一步地认识性别认定障碍，并且明白了它与上面所述的两性人之间的显著区别。

性别认定障碍患者的生理结构特征是正常的，并非存在先天性生殖器官异常，他们生长有一套发育完全的男性生殖系统或女性生殖系统。而两性人自身的性别具有混合性的特点，虽然他们从出生起就天生存在生殖系统异常或雌雄同体的情况，但已被认定为某种性别，他们本身也并不会因此而感到性别错乱。

变性人的幸福生活

变性人在全球中占有一定的比例。

当性别认定障碍患者通过手术实现了自己渴望的异性身体后，同样能拥有幸福的家庭生活。例如，一个男人做了变性手术成为了一个女人，他同样会像没做手术之前一样深爱着妻子、孩子和家人，并且与他们相处得非常和睦融洽。

还有一些变性人有着和正常性别的人一样的社交活动，他们并没有因为自己独特的身体而饱受歧视，反而获得了社会更大的宽容。

蒂姆·金在12岁时被医生及精神科专家鉴定，适宜接受变性治疗，因为当时他有一种强烈感觉，觉得自己放错了肉身。医生认为他需要接受治疗，首先是利用人工方法抑制他的男性青春期特征，并为他注射能显现女性性征的荷尔蒙，以刺激其乳房发育。

罗布纽比金是一位英国拳击手，以长相英武、出拳迅速著称。然而令人惊讶的是，这位帅哥猛男几十年来真正的梦想竟然是做一个漂亮的女人，尽管他已经是3个孩子的父亲，但依然做出了做变性手术的决定。最初开始接受激素替代疗法，并与英国一家全国性媒体签订合同全程直播他的变性计划，他希望6个月内完成变性，成为一个女人，并且给自己取名叫默西迪丝。变性后的罗布纽比金希望以女性身份继续从事拳击事业，或者做一名T台模特。

咪娜穆吒，基诺族，身高1.72米。从身材长相上你无法想象她曾是男儿身：窈窕挺拔，瓜子脸，眼神妩媚温柔，一头黑发直垂腰际。她曾参加民族之花选美大赛，她说：“为什么不让我参加选美？怕争议？怕惹麻烦？我是女人，彻彻底底的女人。”

凯瑟琳·达尔顿是一位漂亮的女模特，但是她却一点也不快乐。因为在严格的全女子学校里她虽然和一个女孩关系密切（女同性恋），但是她却始终认为自己应该是个男同性恋。于是，在20岁的时候，他进行了变性手术，而且改名叫亚得里安。变性手术成功后，亚德里安终于完成了男同性恋身份的转变。

美国俄亥俄州波科诺斯市33岁的克洛艾·普林斯从外表看是一个美女，然而“她”曾是一名叫泰德的男子，在2000年和妻子勒内结婚还生了两个孩子后，却因为被一只蜜蜂螫到身体后发生翻天覆地的变化，原本的男性特征逐渐消失，长出了一对丰满的乳房，坚实的肌肉也开始变得松弛和细腻。最后在2008年，克洛艾飞往泰国一家诊所，花费7万美元接受了长达13小时的变性手术，由此彻底变成了一个女人。

泰国的变性人是最为闻名的。据悉，有“泰国最美变性人”之称的 Poy 因为出演《泰囧之人在囧途》而在国内爆红，有网友赞叹说：“比真正的女人还要美。”

巴里亚是泰国家喻户晓的泰拳明星。18 岁前他是拳台上无人可挡的王者，之后却摇身一变成了舞台上千娇百媚的选美皇后，实在让人目瞪口呆！在人们眼中，这位拳击手有点娘娘腔，羞涩腼腆，打扮怪异，但是拳击水平却是一流的。事实上，巴里亚以拳击手为职业的真正目的是攒钱做变性手术。经过努力最后他终于获得了成功。有关他的事迹还被拍成了自传体电影《美丽拳王》，为巴里亚赢得了国际尊重。

而在韩国，除了俊男美女，一些知名艺人也不乏变性人。韩国组合 lady 的四位成员都是变性人，所以备受韩国听众的关注。若没有注明她们是变性人，真的看不出她们曾经是男儿之身。而且其美貌，连女人们看了都要羡慕。

韩国著名艺人河莉秀 18 岁离家出走到酒吧工作，22 岁下定决心存钱做变性手术。原名李景叶的河莉秀决心变作女人，为了自己的心爱男友成功完成变性手术。她拥有东京设计学院发型设计科学历，现在的职业是歌手。从变性成功到歌唱事业，她一路大红大紫。

1992 年，我国著名整形外科专家何清濂教授施行的我国首例女变男变性手术获得成功。这位患有易性癖的姑娘 26 岁，长期以来因不能转换自己的性别而郁闷、焦躁，已处于严重的病态之中，如不及时施行变性手术，她将丧失工作能力甚至生命。这位患者经过手术后，在生理、心理上已逐渐适应了男性生活。

陈莉莉是网络公认的排在首位的变性美女。她的姿态和眼神比女人更柔媚，她的身材比女人更凸凹有致，她将“女人”做到了极致。陈莉莉不喜欢别人叫她“变性人”，她坚持说：“世上只有男人和女人，没有变性人！”在环姐四川赛区的比赛中，她成为了耀眼的明星。

章琳是四川人，2003 年做了变性手术后，实现了做一名女人的愿望。2004 年，她和丈夫杨启成领取了结婚证书，举办了中国首例变性人的婚礼。

我国知名艺人金星是广东现代舞团的舞蹈演员。1995 年，28 岁的他通过手术变成女性后，于2005年与一位德国男人结婚。

综上所述，男性或女性经手术后改变为异性性别，成为变性人。从遗传学的角度来看，有证据显示，性荷尔蒙的过量及缺乏都会影响到主观性别认同的脑组织的功能，从而产生不同程度的性别认同，渴望变性治疗的欲望和程度也有所不同。

双性人的难言之隐

传说亚当和夏娃繁衍了人类，然而，亚当和夏娃在打造男人和女人的过程中也有失误的时候，偶尔他们俩会同时将男性和女性打造成一个人体。在这个人体内，同时生长着男女两套性腺器官，外观上长着男性的外生殖器官，体内则既长着睾丸还长着子宫、卵巢，使这个人体表现出不男不女的双性人特点。

双性人在医学上称为两性畸形或性别畸形，俗称“阴阳人”，是指生殖器官发生变异，出现与正常的男女生殖器官不同的器官的人。两性畸形又可分为真两性畸形和假两性畸形。这是根据体内的主性腺来判断的。造成两性畸形大多数是性染色体异常造成的。

医学上称先天性畸形为真两性畸形。

小炎的降生给全家人带来了莫大的喜悦。他们围坐在婴儿的襁褓周围，看着这个期盼已久的男孩，似乎将全部的希望都寄托在他的身上。

随着孩子年龄的增长，细心的父母发现，小炎的生殖器官跟别的孩子有点不太一样。尤其是孩子在撒尿时尿不成线。父母便惊慌地抱着小炎去医院检查，医生告知他们，这是小儿的一种常见病，称为尿道下裂。尿道口没有长到龟头上，而是落在了阴茎的根部，通过手术可以治愈。医生还发现，在孩子左侧的阴囊里面没有睾丸，那个睾丸藏在腹股沟部，这种现象称为隐睾，也可以通过手术来矫正。父母这才放心了。

小炎长到 18 岁了，跟他同龄的男孩们个个都长成了身材魁梧高大的小伙子，唯有小炎不见成熟。他不但个头矮小，而且面容还像个小男孩一样，没有青涩的胡楂，说起话来声音又细又尖，像个女孩子的声音。不仅如此，他的胸部还比那些小伙子们略显丰满，人们都笑称他是女扮男装的姑娘。更令人尴尬的是，他的生殖器官也发育得不完全成熟，还处于幼稚期。后来经过医院检查，小炎左侧的隐睾一半是睾丸，一半是卵巢，医学上称为卵睾。因为它既能分泌男性激素又能分泌女性激素，所以小炎表现出男女混合的第二性征。另外通过 B 超检查，在小炎的盆腔里还发现了一个发育不良的子宫。最后确诊，小炎患有真两性畸形。

再来看一则假两性畸形的案例：

小燕长得眉清目秀，留着齐耳短发，典型的女孩模样，而她在做了 14 年女孩之后，忽然她的命运发生了颠覆性的改变。

原来，小燕的身体和同龄女孩是不一样的。在她两岁时，体内长出了男性睾丸，还有至今仍没有发育的阴茎。一时间人们对她的“不男不女”的传言纷纷四起，跟新闻一样炸开，原本开朗的小燕由此变得孤僻、内向。

小燕的父母陷入极度的困惑中，而她自己也对自己的怪异身体产生了强烈的反感和厌恶。我是男孩还是女孩？小燕常常这样问自己。有时候，她会因自己和别的女孩不一样而发脾气、气急败坏。后来，小燕在父母的陪伴下，来到心理健康教育中心，请专业的心理学专家或医师来帮助辨别出她的性别倾向。

从相貌上看，谁也不能否认小燕是个地道的女孩子。清秀的脸庞，漂亮的眼睛，以及略显害羞的神态，都让医生们觉得这个女孩很正常。但是再看小燕的手和脚，就有些让人感到意外和吃惊了。小燕的双手皮肤粗糙，像男人的手；长有一双大脚板，穿的鞋码接近 40 码。这大手大脚显然不应该是一个少女所具备的。

小燕的爸爸告诉医师，孩子是他们夫妇俩抱养的。15 年前，夫妇俩从镇上赶集归来，在路边的一条堰沟里发现了可怜的小燕。当时孩子用一件单衣包裹着，正在啼哭，此外还有一张写有孩子生辰八字的纸片。好心的夫妻俩把孩子带回家抚养。

夫妇俩用心呵护着襁褓中的这个女婴，他们也一直拿她当成女孩养，谁知在孩子长到两岁时，父母发现她的下身竟长出了两个小睾丸，去医院检查后得知不影响身体健康，便也没放在心上。

但是随着年龄的增长，身体上的异常给小燕带来了极大的精神压力和痛苦。她不许妈妈看着她上厕所，不和妈妈、姐姐一起洗澡，不允许别人帮忙换衣服。从小一起玩耍的女孩子也逐渐地疏远了她。

等小燕上了中学之后，由于是寄宿制，所有的男女学生都要统一住校。可是有一天，小燕的班主任告知小燕的父母，让他们带小燕到校外去租住单人宿舍。理由是：他们认为将小燕无论是安排在男生宿舍还是女生宿舍都不合适。这让小燕的一家感到十分难过。无奈之下，小燕只好选择了退学。

后来一个偶然的机会，重庆一家整形医院得知小燕的情况后，表示愿意免费给小燕做变性手术。根据初步检查结果，小燕患有的是男性假两性畸形。

而通过手术的方法，小燕的身体异常就可以得以矫正，重新回到正常的生活和学习中去。

为什么会出现生理结构异常的两性人？从医学角度来说，人体的性腺是由原始性腺发育而来。原始性腺的皮质发育形成卵巢，而髓质发育则形成睾丸。而皮质发育还是髓质发育，则取决于性染色体的组合。当 XX 组合时，原始性腺的皮质发育形成卵巢，髓质发生萎缩不形成睾丸；当 XY 组合时，髓质发育形成睾丸，而原始性腺的皮质发生萎缩不形成卵巢，从而使男女形成不同的生理结构。但是由于某些原因会使原始性腺的皮质和髓质同时发育，这样就形成了所谓的双性人。

越来越多的“伪娘”

长发披肩，身着短裙，声音柔美，当这位很有传奇性的“萝莉MM”亮相舞台，顿时艳惊四座。当人们纷纷猜测“这是谁家的妹妹”的时候，有谁想到，这是一位如假包换的绝对帅哥！没错，他就是火爆荧屏的人气歌手刘著，“快乐男声”的参赛选手。刘著的舞台惊艳“伪娘”风着实震惊了观众们的眼球，为此有歌迷奉送封号“著姐”。

此事件一时在网络上激起轩然大波。不久，男版LadyGaGa、男版“范冰冰”孔铭、“萝莉”风男生尚晨紧随其后，在娱乐圈男生选秀活动中成为备受瞩目的焦点明星。更有甚者，还出现了大学生“伪娘团”。

而在安徽卫视的一档娱乐综艺节目《周日我最大》中，一场角色反串大戏隆重登场，担任该期节目的主角竟然是几位具有花容月貌的美少男！这五位“美女”在舞台上竞相表演，T台模特走秀、白娘子造型亮相，婀娜多姿，精彩绝伦。一时间，丁宇轩、刘小纯、梁诗辰等名字深入人心，而他们靓丽的青春外表和美艳的装扮令在场嘉宾纷纷被“雷倒”。

如今，“伪娘”这个词已经屡见不鲜。它最早来自日本动漫，泛指“拥有女性美貌的男性角色”。随着漫画的风靡，备受欢迎的男性偶像也大多以红唇白面、青春俊美为主要特征。在生活中，男人留长发、着裙装已不是什么新鲜事。难怪有人感叹，这个世界纯爷们儿越来越少了。

除了在荧屏上看到一些美艳惊人的“伪娘”，生活中也有一些“伪娘”人群出现在我们身边。

据相关新闻报道，一位女士曾因自己的丈夫喜欢扮“伪娘”而提出离婚。这位中年男子有一次身穿黑色紧身T恤、女式牛仔短裤，脚穿长筒黑丝袜和一双女式板鞋，肩挎一个明黄色的女式挎包，手拈兰花指，活脱脱一个“伪娘”。该男士还自拍了一张靓照发到网上。谁知妻子在上网时无意中发现了这张奇异的照片，仔细一看，居然是自己的丈夫。她十分气愤，当即要求起诉丈夫解除婚姻关系。

后来经心理咨询医师的调节得知，这位男士平时压力很大，为了释放压力，获得兴奋和满足，就采取了这样一个古怪的方式。究其本质，越来越多的“伪娘”出现，多是因为社会在多元化后，造成性的扭曲的结果。

诸如此类的还有风靡网络的“短裙哥”、“粉红哥”等，这些人通常身着女式紧身T恤、吊带背心、超短裙或高跟鞋，背女式挎包，佩戴女式饰物，化浓妆等，一切均为女性装扮。在色彩上也偏向明艳亮丽的女性化颜色，如红色、粉红色、明黄色等。

这些“伪娘”通常不避讳公众场合，他们会将自己打扮得“花枝招展”，以特殊的个性穿梭在闹市、街头和舞台上，在谈吐上与正常人并无差异。他们不会像性别认知障碍患者那样可能会出现自卑心理或内向性格，而是以美艳动人的形象落落大方地在人们面前展示自己，并渴望获得认可和关注。

有关“伪娘”的几点困惑：

1. **“伪娘”就是角色反串？**

“伪娘”用以喻指那些天生拥有接近于或等同于女性的美丽相貌、身材，同时拥有男女两性魅力，即在女性眼中拥有男性魅力，在男性眼中拥有女性魅力的男性人物，通常他们在变装后更胜过一般女性角色。

角色反串作为艺术形式的一种，自古以来就有不同种类的艺术形式对应。我国近代的角色反串名家，在艺术界德高望重，世界闻名的梅兰芳大师，在自己的角色塑造上取得了巨大的成就。针对“伪娘”热潮，社会和娱乐界人士也给予了自己的评价，“伪娘”现象并不惊奇。

2. **“伪娘”就是异装癖？**

严格来说，“伪娘”和异装癖并不能等同，主要区别在于他们对自己的性别认知，也就是说到底认为自己是男人还是女人。异装癖属于性心理障碍，是对性别认同的混乱。例如患者家中都是女性：妈妈、姐姐或妹妹，小时候看到姐姐穿裙子涂口红，总喜欢模仿，并没被制止，长大后随着各方面压力的增大，会用穿裙子、涂口红的方式缓解压力。这类人通常受到童年创伤影响，性格内向甚至自卑，在遇到压力或困境时会萌发想做异性的想法，从而将自己装扮成异性，从中获得舒服感。而“伪娘”不一定会来自童年的创伤影响，他们可能会有一个健康幸福的童年，家庭教育方式上也比较正常。

3.“伪娘”是性别认定障碍吗？

性别认定障碍是心理性别和生理性别发生颠倒，在心理上坚信自己属于异性，但生理上具有正常的性别属性。例如，“快乐男声”参赛选手刘著在接受媒体采访时表示：“我不属于‘伪娘’，我觉得‘伪娘’穿女装是出于兴趣爱好，我不是出于兴趣，我只是觉得自己这样穿才自然。”性别认定障碍患者一般通过做变性手术来达到自己渴望变异性的目的，而“伪娘”一般不需要做变性手术。

4.“伪娘”都是同性恋？

一个人的性别角色意识从 3 岁以后开始建立，而真正形成“男女有别”的性别角色意识是在进入青春期之后。

同性恋和异装癖、性别认定障碍、“伪娘”不能混为一谈，同性恋主要是生理性的。美国精神医学协会（APA）已于 1973 年将同性恋从精神疾病的诊断列表中去除。

喜欢穿女人衣服并喜欢上正常男性的“伪娘”，他们不能称为同性恋。他们是心理性别与生理性倾向发生不同所造成的群体，他们喜欢女生的穿着打扮，但具备男人的生理特征。而男同性恋者首先在性别上认同自己是男人，选择的另一半也是男人。

当“伪娘”越来越多的时候，我们不禁反思，是什么把这些本是男人的外表变成了“伪娘”的形象。

有的人认为荧屏或网络上的“伪娘”纯粹是为了炒作，他们的奇异装扮就是为了吸引人们的目光，为了赚取名利，其实并不是这样。从医学角度分析，这是有一定的科学道理的。地球环境的变化使孕育的男孩体内雌性激素分泌过多，导致男孩天生阳刚之气不足，从而性格、外貌、体征趋向于女孩。这是“伪娘”形成的一个内因，其外因是与成长环境有关。

当下的社会环境让我们感觉似乎步入“伪娘”时代。温室环境下成长的男孩，多缺乏独立生存能力和自主能力，更缺乏一定的男子血性气概。加上韩日偶像剧的流行以及“花美男”杂志的侵袭，对处于成长阶段的少年有一定的影响。韩剧中的男子大多俊美帅气，近似女性化，也会让一些男生模仿。

此外，社会和生活压力也会让一些男士采取一些奇异的行为来解压，如扮成“伪娘”。“伪娘”的频繁出现，对于社会的发展和个人的成长是不利的，性价值观和审美观也会受到颠覆。所以，为了保持身心健康以及尊重传统的审美观，还是少一些“伪娘”，多一些纯爷们儿。

当“软妹子”遇上“女汉子”

不知从什么时候开始，“女汉子”一词逐渐流行开来。聚焦我们身边的女性群体，不禁感叹，“女汉子”真的越来越多了！如今，“爷、哥、哥们儿”之类专属男人的词汇也成为女汉子们的代名词。最著名的还要数名气响当当的“范爷”范冰冰。作为娱乐圈的典型代表，范冰冰拥有令无数女性“羡慕嫉妒恨”的美艳外表，但内心却如男人一样刚强。当年范爷一句“我不嫁豪门，因为我就是豪门”的爱情宣言不但让各路媒体瞠目结舌，也让那些对范爷的感情归宿非常执着的人落得个自讨没趣。所以，“范爷”堪称无所畏惧的女汉子。

实际上，“女汉子”一词由来已久，通常形容那些具有女性外表，但性格“很男人”的女子。在体貌特征上，一般弱化女性气质，而强化男性气质。

2013 年，一组“最萌女汉子”的照片在网络上走红。照片上是一位俄罗斯美女，名叫朱丽娜·文斯，人称“金刚芭比”。17 岁的她是一位健身爱好者。从身材相貌上看，叫人很难将眼前的景象与一位青春少女联系在一起。因为她有着女孩所有的精致细腻的面庞，但却长有一身男人般的发达肌肉，尤其是那一双结实的手臂和相当发达的肱二头肌，十分令人惊叹。此照经曝光后，引起无数网友纷纷转载并留言，人们对她的评价是：“天使的面容，猛士的身材！”

而与女汉子的特征相对的被称为“软妹子”。简单来说，“软妹子”就是我们普遍认可的“真女人”，她们具有女人味，举止穿戴女性化，会撒娇发嗲，会小鸟依人。在男人的眼里，“软妹子”要比“女汉子”看上去更加“正常”，也更能引起他们的怜爱。

“女汉子”PK“软妹子”，你更喜欢哪一种？

（1）“女汉子”无论有多丑都不化妆，因为觉得没必要。

（2）“女汉子”基本上不穿裙子，以平底鞋为主，不爱穿高跟鞋。

（3）.“女汉子”衣服多中性化，少蕾丝边等女性化装饰；喜欢穿牛仔裤。

（4）“女汉子”厌恶粉红色，拒绝亮闪闪的装饰品。

（5）“女汉子”最重要的是平胸。

（6）“女汉子”的头型多是侠女型。

（7）“女汉子”对人很客气、宽容，公共场合放得开，能够主动搭讪陌生人。

（8）“女汉子”喜欢跟男生做朋友，向男生说真话。她们一般很难划分男同学、男同事、男朋友之间的角色转换，所有男人在她们的眼中都是“闺蜜”级别的人物，女汉子对待男人，就像兄弟一样的情谊。

（9）“女汉子”在女生圈中像个爷们儿，但不喜欢和一堆女生在一起。

（10）“女汉子”不喜欢遮掩，性格比较马大哈，说话直接。

（11）“女汉子”爱出去玩，喜欢热闹的地方。

（12）“女汉子”讨厌尖叫和发嗲。

（13）矿泉水瓶盖拧不开，“女汉子”会自己解决而不是求助。

（14）天气太热时，“女汉子”敢在家里裸奔。

（15）“当女生很麻烦”是女汉子们的口头禅。

（16）“女汉子”喜欢仰着头将袋子里的薯片渣往嘴里倒，吃苹果洗过之后直接啃。

(17) “女汉子”网上聊天会口出狂言或说脏话。

(18) “女汉子”力大无比，能够自己换饮水机水桶。

(19) “女汉子”喜欢玩魔兽类、英雄联盟等网游。

(20) “女汉子”外出旅游自己扛行李装备。

(21) “女汉子”觉得爱撒娇、发嗲、害羞的女生太矫情。

(22) “女汉子”不顾异性在场而点大份餐品。

(23) “女汉子”很彪悍，很不顾形象，但也有一颗柔软的内心。一旦她们进入真正的爱情，她们坚强的外表和内心都会瞬间融化。

相比之下，“软妹子”在行为表现上就要乖巧得多：

(1) “软妹子”喜欢化妆，把自己打扮得漂亮精致。

(2) “软妹子”拒绝不修边幅，即便在家里也会穿戴整齐，洗漱之后再睡觉。

(3) “软妹子”会做美甲、经常去美容院。

(4) “软妹子”吃西瓜会用小勺挖着吃，吃苹果会削皮切片。

(5) “软妹子”会温言软语，会撒娇，会哭泣。

(6) “软妹子”通常善解人意，脾气温和，做人们眼中的乖乖女。

(7) “软妹子”懂得日常礼仪，行为举止如淑女。

(8) “软妹子”对待爱情很敏感，会将男性朋友和男朋友划分明显的界线。

(9) “软妹子”往往赢得长辈的喜爱，令男人们怜惜。

(10) “软妹子”在人际关系上会赢得好人缘，受人欢迎和关爱。

根据以上对比，不难看出，“女汉子”和“软妹子”虽然在性别上同为女性，但在性格、生活习惯以及行为表现上有着很大的差别。而对于两者谁优谁劣，哪一种更受人喜欢，是没有明确的衡量标准的。有的人喜欢“女汉子”的直爽刚烈，也有人钟情于“软妹子”的娇媚温柔。

那么，社会上为什么会出现越来越多的“女汉子”？本应是千娇百媚的女儿妆为何偏向中性化，去转做威武的“女汉子”、“假小子”？我们不禁思考，究竟是社会给予男性太多压力，还是现代女性越来越独立的结果？

心理学研究认为，自称“女汉子”的原因有很多种，但很多都是受到外部环境影响而导致性格的改变。很多女生从小就习惯和男孩子一起玩，和男生称兄道弟，性格上便容易受到影响。另外，社会环境和生活现状也使女性的身心得到锻炼，她们的独立性更强，性格上也更加坚韧和勇敢。“女汉子”们往往认为，男生可以办得到的事自己也一定能够办到。她们会将性格里的男性气质充分表现出来，具有一种巾帼不让须眉的气势。

孩子的“中性化”流行风

2005年，年度“超女”李宇春凭其帅气的中性外形迅速迷倒了一大片少男少女，这种性别错位的审美以娱乐化的方式被打造成焦点。女娇娥摇身一变成了男儿郎，彻底颠覆了传统审美观。此后，尚雯婕、刘力扬等女孩使“中性美”进一步蔓延。

同时，韩国偶像剧的大波来袭，也让男性的传统审美观发生了180°的大转弯。韩国演员李准基在电影《王的男人》中将阴柔美男的倾城绝色演绎到极致：长发、凤眼、樱桃小嘴，彻底颠覆阳刚威猛的男人形象。一时间，女人阳刚，男人阴柔，成为众人瞩目的焦点话题。

追随着“超女”路线，国内各个中小学校开始出现越来越多的“李宇春”。这些女孩留着短发，一举一动都在模仿着男孩子，言谈举止非常“豪爽”。受当今娱乐圈的影响，一些少男少女不仅仅以自己喜欢的明星作为崇拜偶像，而且在衣着装扮、举止行为甚至性格上都要和明星一致。他们把中性化打扮当成一种时尚潮流，盲目去效仿、跟风，也不考虑是否符合自己的身份和年龄。

初二学生小闵很喜欢中性化的打扮，她从不穿裙子，也从未扎过辫子，“我们学校的很多女生都喜欢中性化的穿着和打扮。”小闵说。

高中女生方方一头短发，宽松的蓝白格子上衣，松垮垮的蓝色牛仔裤。她最喜欢的动作就是两手插到裤兜里，摆出一个很酷的造型，并且脖子一歪，嘴角上挑，一副玩世不恭的神气。熟悉她的人都知道她是一个小女生，而不认识的人都以为她是一个十足叛逆的公子哥儿。

当有人对她的衣着打扮表示异议时，方方不屑地说："你知道李宇春吗，我好多朋友都喜欢我这种青春洒脱的装扮呢。"

高三男生小雨身高 1.75 米，在宿舍的兄弟中排行老二，因为说话带有一股娘娘腔，像个女孩子一样，而被室友戏称"二妹"。小雨平时说话总是和声细气的，发出的音调就好像被人捏着嗓子一样尖。除此之外，他还喜欢穿粉红色的 T 恤，把自己打扮得粉嫩粉嫩的。班上的几位女同学常常取笑他，说应该把这些衣服送给她们穿才合适。

在教育论坛网站上，很多家长和老师都对中学生的中性化倾向行为表示担忧。例如，一位家长说他的女儿不喜欢穿校服，但迫于学校要求只得忍受穿一周，到了周末立刻换上自己喜欢的衣服，宽松的 T 恤、带洞洞的牛仔裤、球鞋、休闲帽，一副帅气的派头。

还有的家长说，她的儿子最近迷恋上各种小饰物，那本来应该是女孩子们喜欢的，可是在儿子的书包上，经常会挂着一些毛绒小动物、卡通挂件等物品，是不是出现了心理问题……

小学五年级的珍珍被班级同学誉为"超人"。因为珍珍不但各科成绩都很优秀，是名副其实的学习高手，而且德育、体育全面发展，无论运动会还是篮球比赛都落不下她的身影，并且总是为班级争得荣誉。同学们不但钦佩她的成绩，而且对她的日常穿戴也"顶礼膜拜"，班上的很多女生都将自己改造成了"珍式"发型，穿球鞋、T 恤衫和运动裤。班主任老师也十分欣赏珍珍，但她也心存疑惑和担忧："在小学阶段，女孩子往往更出类拔萃一些，但这么小的年龄就模仿起'中性化'倾向的装扮，会对孩子们的发展造成不良的影响。"

正在上初三的男生小林是班里的优秀班干部，一向聪明有礼貌，性格也像个女孩一样斯文。小林最大的爱好就是放学后阅读妈妈的时尚杂志。他对于杂志里的各种化妆品、时装都很有兴趣，并且按照上面的指示给自己装扮。每天上学前，他都会在衣柜里翻找好一阵才找出合适的服装，在学校里他还经常给同学们讲述穿衣知识、时尚品牌，并且帮助同学学习穿搭。每当小林在镜子前反复照自己时，他的妈妈都在担忧："十几岁的孩子就已经学会臭美，况且是个男孩子，如果总是热衷于穿戴和化妆品上，会不利于成长的。儿子喜欢做只有女孩子喜欢做的事，会不会有什么心理问题？"

以上种种情况在现实生活中并不少见。专家表示，"中性化"是一种社会趋势，家长不必过于担忧。

如今，中小学校园里"中性化"似乎成为一种流行潮流。女生留长发、梳辫子扎蝴蝶结、穿长裙的形象会被同学取笑，而性格直爽开朗，穿宽大的运动装、牛仔裤，才是她们的穿衣标杆。跳芭蕾、弹古筝已经不再新鲜，在女孩子们中间，如果再懂一点武术、跆拳道，那才是值得骄傲的事。而对于男生来说，阳刚男孩似乎已经远去，逐渐代替的是性格细腻敏感，脾气温柔，甚至被女生欺负得掉眼泪也是常有的事。而关键的是，这种"中性化"倾向在孩子们看来是正常的，并没有什么不对的地方。尽管家长们对此感到困惑和担忧，少男少女们依旧我行我素，做"最有个性"的自己。

为什么"中性化"会在尚未成熟的中小学生之间流行开来？

专家解读，"中性化"倾向是一种社会趋势。孩子的中性化现象并非偶然，它的出现具有深刻的社会心理根源。包括社会潮流的影响、家庭因素和男女两性角色的发展趋势等。另外，家庭教育存在误区、青少年渴望彰显个性、娱乐节目的推波助澜等，都是造成中小学生性格表现中性化的原因。

不可否认，社会潮流和流行时尚会对正在成长中的孩子起着潜移默化的影响，尤其是一些孩子喜欢的明星，会让他们盲目模仿。而对孩子们来说，追赶潮流会让他们在学校里更合群，和同学相处更加融洽。因此，女孩子会将自己打扮得很潮很帅，男孩子则将自己打扮得很漂亮。有些孩子喜欢中性着装只是单纯追逐流行，并非心理异常的反映。

统计表明，目前独生子女群体的"中性化"现象要普遍重于非独生子女。专家认为，这是由于独生子女在家庭中承担的"双重角色"决定的。

在多子女家庭，父母对儿女的性别角色期待不会混乱。然而在独生子女家庭，父母就期望子女既具有男性的果决、独立、坚强，又具备女性的体贴、温柔、细腻，这种意愿在一定程度上塑造出了“中性化”的孩子。

随着从事的社会化工作越来越多，如今男女两性的性格特征也在悄然变化。很多女性除了传统的女性性格特征外，还表现出独立、果敢、爱冒险、有竞争精神；而男性远离了竞技性强的活动，性格中也增添了平和、细腻的一面。这些都会深刻影响孩子的性格发展。

在这样一个标榜“帅女”“美男”的时代，我们在享受“中性化”娱乐带来的精神快感的同时，是否也该思考一下，这种“中性化”倾向是利还是弊？

心理专家表示，适度的“中性化”并非有害无利。兼有男性和女性特征优势的人比较独立、灵活，易被社会接纳，生存能力更强，更有利于人际交往。中性化的女性兼具男性的独立果敢，在求职、个人发展上更具有优势。

再有，文化和娱乐的发展过程势必呈现多元化、个性化，但是流行过后，人们终究会重新回到正常的审美角度。中性化倾向最终会被正常的性别界定所取代。

作为中性化的青少年，懵懂与狂热的年龄特性使得他们最容易也最乐于接受新事物。但盲目追逐“中性化”，很可能导致他们在心理层面女生男性化、男生女性化，性别意识的界定将越来越模糊。

青少年追求自我的超越感和社会的认同感，所以出现“中性化”倾向，也是无可厚非的。但是他们在追求异性风格的同时，一定注意不要失去自我本色。

从家庭教育方面看，现在独生子女比较多，许多家庭对孩子比较宠爱，对男孩子百般呵护和迁就，不让他们受挫折和委屈，过于保护，可能是让男生中性化的其中一个原因。有些家长在培养女孩方面或许更加严厉，他们会认为女孩子太柔弱会被欺负，所以在女孩的头脑意识中强化了中性化思想。

中性化并非没有“边界”，因为男女两性有其基本的社会角色内涵，即男性不可娇弱、不独立，女性不可过于强悍、失之温柔。一旦“中性化”发展过度，就会造成心理问题或行为偏差，将不利于孩子未来的成长。例如，女生在公共场合像男人一样抽烟、喝酒，男生遇事哭鼻子、把心思都花在打扮上，性格不够坚强，对家庭和社会缺乏责任感等，都是“中性化”过度的表现，这会使他们的成长面临更多的障碍。

因此为了预防孩子的“性别错位”，从幼儿时期就要注意进行性别教育，培养细致温柔的女孩，培养勇敢刚毅的男孩。男孩应该勇敢正直、宽容豁达、有责任感等，避免动作忸怩、细声嗲气、性格柔弱等；女孩应该温柔善良、乖巧聪慧、善解人意等，避免言行鲁莽、大大咧咧、不修边幅等，也就是我们所说的“男孩要有男孩样，女孩要有女孩样”，避免“中性化”带来的不良影响。可以让男生多参加体育活动和体力劳动，给女生培训女性礼仪课，形成良好的气质修养。

在加强孩子性别教育的过程中，家长要注意以下要点：性别认同是孩子自我认知的重要部分，只有孩子对自己的性别感到满意，才会对同性的性别特征抱有好感，并希望拥有这些性别特征。如果家长由于孩子的性别没能满足自己的需求而把孩子性别颠倒着来培养，就会让孩子厌恶自己本身的性别，从而发生性别错位。

十四
梦里不知身是客：
关于梦的解析

【本章关键词】

梦的暗示 弗洛伊德 梦的解析 梦的显意和隐意 梦的凝缩移植象征和润饰 快速眼动睡眠期 “似曾相识”在梦中 性梦

有位妇人经常梦见来月经，请弗洛伊德释梦。

弗洛伊德问她是不是想要孩子，她非常肯定地说：“不想。”

弗洛伊德告诉她：“很不幸，你可能怀孕了。”

这位妻子觉得这太荒诞了。于是她去医院检查，果然如弗洛伊德所说的，她怀孕了。

弗洛伊德与梦的解析

中国古代有周公解梦，近代的弗洛伊德著有《梦的解析》。古今中外，人们都对梦这一神秘的心理现象有浓厚的兴趣。梦，跟现实到底有着怎样的联系？

夜晚，即使是在入睡后，我们的大脑也仍在活动，做梦就是其中的一种活动。如果从愉快的梦中醒来，想回忆一下梦的内容，却发现什么都不记得，这其实是梦的一种特性。在心理学中，梦是在快速眼动睡眠期经历的、保持鲜明印象和感情的知觉体验。据研究表明，如果在快速眼动睡眠期间受到刺激，梦的内容就会反映出这种刺激。例如，在睡眠状态被淋水的话，那个人就会梦到自己站在雨中。

弗洛伊德认为，梦不是人们混沌、荒诞意识的产物，而是由高度错综复杂的智慧活动所产生的一种有意识的精神现象，是一种清醒状态下精神活动的延续，有利于某种愿望的实现；梦是人内心深处的心理矛盾、欲望和情绪的虚拟、象征性的反映，可以满足人在现实中无法或暂时无法满足的某种渴望，如此可以维持心理平衡，保证睡眠质量。

弗洛伊德就曾多次以自己为对象进行梦的实验研究。例如，他故意吃很咸的食物、喝很少的水，在口渴的状态下入眠后他梦见自己痛饮甘泉。他得出结论，梦中喝水可以缓解口渴，这样他就不必非得醒来，从而保证了睡眠质量。又如，他平时早睡早起，有时故意晚上工作到深夜，这样早上就会贪睡。结果到了早上，他梦见自己起床梳洗。他认为，这样自己心理上就有了交代，可以心安理得地继续睡下去。

弗洛伊德还指出，梦有简单和复杂之分，儿童的心理比较单纯，做的梦也比较简单。但梦在本质上都是愿望的达成，无论是简单还是复杂。

如果知晓了某人的梦，就可以知道他心底深处的矛盾与欲望。这种梦的解析对于精神分析来说是个重要的手段。梦把无意识中被压抑的纠葛和欲望反映到了意识之中。梦的主要内容大多为儿时的经历或不愉快的体验。而且，梦中出场的人物大多是现实人物的变体，例如，分手的恋人成了官吏，法官长着上司的脸等。在分析梦中的人和事物时必须注意一点，即为了压抑不快，梦经常将其转化为其他的事物表现出来。

弗洛伊德根据自己的理论，给许多人分析过梦。

有位朋友的妻子梦见来月经，请弗洛伊德释梦。弗洛伊德问她是不是想要孩子，她非常肯定地说："不想。"弗洛伊德告诉她："很不幸，你可能怀孕了。"这位妻子觉得这太荒诞了。于是她去医院检查，果然正如弗洛伊德所说的，她怀孕了。

还有一次，一位夫人梦见上衣沾满了乳汁，弗洛伊德认为她怀孕了，而且她已经有了一个孩子。因为她希望将要出生的孩子比第一个孩子有更多的奶水吃，所以梦见满身乳汁。结果证实，弗洛伊德的推测是比较正确的。

有一位女病人下颌疼痛，医生要求她每天晚上都要对疼痛部位进行冷敷，可到早上她总是发现脸上的那些冷敷用的布袋被扔得远远的。医生就责备她。她解释说，其实她也不想这么做，肯定是做梦弄的。弗洛伊德分析：她白天老是想，如果有人替我得病该多好，到了晚上就梦到自己在一个剧院的包厢里观看演出，突然想起了正在医院里忍受病痛折磨的 A 先生，就不禁联想到自己的下颌有没有病痛，于是用手去触摸，发现有东西贴在下颌上，便用力扯下来扔掉。她梦里的那位 A 先生其实是她的一位朋友。显而易见，她在梦里实现了将病痛转嫁到别人身上的愿望。

对于心理疾病患者来说，梦的内容反映了他们精神上痛苦的根源，在心理治疗中深受重视。例如，梦到隧道象征着"想要逃避不安和恐惧，想要回到子宫，表现出对母亲的依赖心理"。此外，坠落的梦象征着"对于道德堕落的恐惧，害怕失去现有的地位或职位"，找寻的梦象征着"担心失去重要的人或东西"。

梦究竟有着怎样的暗示

做梦是人体一种正常的、必不可少的生理和心理现象，甚至一些动物也会做梦。做梦的生理原因，简单地讲，就是人入睡后一小部分脑细胞仍在活动。很多人会问，人做梦到底有什么意义呢？不做梦又会怎么样？梦境又有着怎样的暗示？

小颖最近经常做同一个梦。她梦见自己裸体在火车站等人，周围的人都对她指指点点，她又羞臊又生气，想找地方躲起来，可又怕等的人来了找不到她，只能继续裸体站在那里。每次醒来后，她心都怦怦乱跳，而且会出一身冷汗。这样持续了一年多，她身心都非常疲惫，甚至连觉都不敢睡了。无奈之下，于是小颖去找心理医生咨询。

心理医生对小颖的情况进行了仔细分析：

从生理上分析，小颖体质较弱，易发生轻度惊厥，长期休息不良加上学习紧张，出现了身体虚弱与做噩梦的恶性循环；例假周期不规律，因而同一个梦的出现也不规律；有明显的痛经史，对此既恐惧又无可奈何，只好胆战心惊地等，导致心理上对来例假有深度的惧怕，并产生了周而复始的预兆性压力。

从睡觉姿势上分析，梦见光着身子，说明睡眠时感到寒冷，可能有睡眠踢开被子的习惯；出冷汗和心跳，说明她睡眠紧张，应该是睡姿不当压迫心脏而引发了循环压力。

从心理上分析，她性格内向，习惯性紧张，执拗与自疑并存，与他人交往较为困难，但潜意识中有很强的交往愿望，同时又惧怕交往，害怕别人会看不起自己。因而就出现了上述梦境：在人多的地方（火车站），以一种强加给自己的理由（为等一个重要的人）和一种令自己压力很大的方式（裸体）

成为人们的注意力集中点，并混杂着兴奋、尴尬、不知所措、焦急、紧张等复杂的心理体验。

小颖很羞愧，自己的梦竟然透露出这么多的隐私，但又不得不承认，心理医生分析得很准确。

弗洛伊德认为，梦有显意与隐意之分，释梦就是将梦的显意转换为隐意的过程。

1.梦的显意和隐意

什么是梦的显意？简单来说，就是梦境，有时候我们会清晰地记得或者描述自己的梦境，能够意识到梦的内容，就是梦的显意。这也可以看作是梦的表象。

什么是梦的隐意？梦的隐意被称为梦思，是指梦者借助于梦境所要表达的意义，是梦的真实意图和所指。

所以，我们很好判断和说出一个梦的显意，但梦其中所隐藏的隐意，就需要深入挖掘，通过梦的解析来认识它。

我们记住的梦，只是知道了它的显意部分，如果不加以分析，很容易意识不到梦的隐意，不知道自己做的梦究竟暗示什么。释梦的目的，就是从梦的显意中挖掘出梦的隐意。

2.将梦的显意记录下来

精神分析师是如何科学释梦的？通常的做法是，将梦的显意做个记录。认真仔细地倾听梦者对梦境的描述，并进行客观的记录。如果只是凭借梦境的大概，或者根据自己的主观投射对梦进行加工、推测、篡改，就不能得到一个完整真实的梦境，这样梦的显意就会出现理解上的偏差。

梦者对梦境重复叙述，可以让梦的显意更加清晰；尤其是借助于图画来说明梦中的场景或细节，有助于对梦境正确地解析。

如果你想记住自己的梦，具体做法是，在发觉自己正在做梦的第一时间里，继续闭上眼睛，先将梦境在脑海里回顾一遍，然后再睁开眼睛，起床，洗脸漱口，吃早餐，做其他事情，这样就比较容易记住梦。将自己的梦记在一个小本上帮助记忆，也是一个好办法。这样，我们就可以得到相对完整的梦境，梦的显意也就自然显露出来。

3.梦的显意与隐意的转换过程

梦的显意与隐意之间的转换，简单来说是这样的，在梦者的潜意识中，先有梦的隐意，然后借助于梦的内容、梦的象征物将所要暗含的意义通过转换揭示出梦的显意，并呈现到意识中来。

我们可以通过一个梦例来具体分析：

一位已婚的中年女士向精神分析师叙述了自己的梦："我梦见在自己家里，窗外有一条很大的莽蛇想冲进来，很恐怖……我走到屋外，又看见满地都是蛇在爬，我被吓醒了。"

在这里，女士的梦境描述内容"家里、窗外、蟒蛇、屋外、满地爬蛇"等就是梦的显意。梦的显意与现实经历往往并不存在一定的关联和逻辑性，因为女士解释"自己并没有被蛇吓到"。

那么，为什么她会做有关蛇的梦呢？这就需要从梦的隐意来深入分析。

我梦见在自己家里——显意；我处在婚姻关系当中——隐意；

释梦分析："家"在梦中既可以指梦者的原生家庭，也可以指由梦者的婚姻关系所构成的家庭空间，也可以指梦者的自我情感空间。在这个梦中，因为"家"是梦者现实婚姻生活中的家，所以指婚姻关系。

窗外——显意；非正常的男女两性情欲感受通道——隐意；

释梦分析：窗户不同于门，是一个非正常的通道，因此，梦中的"窗"可象征一个非正常的情感通道，暗指可能出现的偷情与"出轨"行为。

一条很大的莽蛇想冲进来——显意；一个有性企图的男人想进入梦者的情感空间——隐意；

释梦分析：在梦的解析中，"蛇"被视为性的象征。象征性欲望，或者代表"处于性冲动状态"的男性。弗洛伊德把"蛇"看成是男性生殖器官的象征。

我走到屋外——显意；进入社交关系——隐意；

释梦分析：房屋象征自我空间，而走到屋外，则意味着走出家庭而进入社会交往。

满地都是蛇在爬——显意；到处都是充满情欲的男人——隐意；

释梦分析：这里出现“成群的蛇”，是泛指情色男人们。

通过以上分析，我们便不难理解，这位女士的梦与她在现实生活中是否实际遇到蛇并无直接关系，而是借用“蛇”这个象征来暗含她在两性交往关系中的焦虑状态。

所以，梦的“蛇境”显意就转换为如下隐意——一位处在婚姻关系当中的女士，因处在一个非正常的两性情欲通道而焦虑，一个有性企图的男人试图进入她的情感空间，她感到很害怕。当她在社交关系中，也觉得到处都是充满情欲的男人。

了解了梦的显意和隐意之间的转换过程，我们会发现，梦的显意总有些不合情理，显得荒诞、离奇、诡异，甚至不可理喻。而梦的隐意却符合人之常情和逻辑，与生活联系紧密。这是因为梦的显意具有象征意义，它能一定程度上揭示梦的隐意的本质。

梦的凝缩、移植、象征和润饰

梦的隐意经过一系列的加工而表现为梦的显意，这个加工过程被我们称为梦的工作。梦的工作主要有四种形式：

1.梦的凝缩

前面一节我们提到了梦的显意和隐意的转换过程，可以认识到，梦的显意部分是小的、有限的，而梦的隐意是大的、深远的。所以，梦的显意是梦的隐意的一种凝缩。

就像意识和潜意识的关系，意识是冰山上露出海面的一角，而潜意识是深藏在海面下的大部分冰山。我们可以意识到自己的行为，但是行为背后所潜藏的潜意识，则要深入挖掘。

并不是所有的梦都有凝缩的存在，但是大多数情况都以凝缩的形式去呈现并且凝缩度会相当大。这也是为什么我们常人很难通过梦的显意去正确地认识梦的隐意，而通过精神分析师的层层剖析才能发现隐意的秘密的原因。

例如，有一个人做了这样一个梦：他梦见在曾经的高中教室里放着一些大学宿舍的床铺，在床铺周围是高中课堂的桌椅。他和高中同学和大学同学一起在教室里上课。

梦的内容很简单，只是一个片段，看上去只是生活中的场景，并没有特别的神奇性。但是，如果按照梦的凝缩作用来看，它所暗含的意义就非同一般。

梦者梦见高中教室、大学宿舍里的床铺、学习用的桌椅以及和同学们一起上课的场景，很可能表明他对学生时代有一种怀念感，想念曾经的学习环境和想念一起学习的人。日有所思，夜有所梦。当想念到一定程度时，就会进入梦里。

但是，我们做的梦往往是短暂的、碎片式的，这就是梦的凝缩在起作用。梦者想念高中时代，包括高中的学校、教室、课堂、桌椅和高中同学，也想念大学时代，包括大学宿舍、大学床铺和大学同学，以及高中学习和大学学习各自的场景。但是在梦里，“高中”和“大学”两个不同的环境被凝缩在了一起，所以才会出现“在高中教室里放着大学宿舍的床铺”，“在床铺周围是高中课堂的桌椅”以及“高中同学和大学同学一起上课”的混乱合并的梦境。

所以，梦的凝缩作用会让现实中的各类事物在梦中进行融合，让我们的梦看上去非常离奇、怪诞和不可思议。

关于梦的凝缩是比较常见的。例如，我们常常会梦见自己身处城市中的生活环境，而周围和自己一起游戏的却是家乡的小伙伴；或者梦见自己在异乡生活，却正在和故友一起做着什么事情。

2.梦的移植

梦的移植指梦不是直接表述自己的隐意，而是由其他无关的暗示性事物来代替。梦的隐意以变形的方式进入梦的显意，使梦的显意与梦的隐意看上去毫无关联。

以有关的蛇梦为例，梦的隐意是两性关系或暗指性，但会通过“蛇”这个事物反映在梦的显意中。

移植作用同凝缩作用一样对梦的形成极为重要。梦的移植告诉我们，梦的显意与梦的隐意是不一致的，所以梦经常是千变万化、令人难以捉摸的。

梦是潜意识的反应。梦会以变形的方式来呈现潜意识里的愿望，利用梦的移植可以对潜意识进行深层的解析。

3.梦的象征

梦的象征是以象征的物象表现梦的隐意的一种间接方式，关联着梦的显意和隐意。梦的象征符号通常具有两重意义。一方面它是被抑制的欲望的替代物，与潜意识相关联；另一方面它又是改变了的东西，与意识密不可分。

梦的象征在梦的显意和隐意中具有重要的连接和沟通作用。梦的象征是多种多样的，每一种象征符号可能代表多种意义，并以间接的方式去表现隐意；象征意义又非常深远含蓄，利用象征来表现那些要求满足的欲望多具有偶然性。因此，释梦是有一定难度的。

很多梦的象征在我们看来似乎毫无关联和逻辑。

有关性的象征，如数字3、手杖、树干、蛇、各种尖利锐器等，是雄性器官的象征；坑、洞穴、盒子、口袋、门或窗户、蜗牛、蚌、花朵等，是雌性器官的象征。

在生活中，我们通常将“水”视为财富的象征。而在梦的象征中，“水”则意味着出生、诞生。

4.梦的润饰

梦的润饰是把梦的隐意加以戏剧化合成一个连贯的整体。梦是一种对愿望的满足，是潜意识的，而如果进入意识的范围内，就需要通过变形求得满足。所以，我们做的梦看起来都如一幅幅的图画，梦的显意告诉我们画上都有什么东西，而隐意则是这幅画背后有什么样的含义，这种隐意让梦变成了画谜。在梦的润饰下，对愿望的满足变得具有多层次和复杂性。

在梦的润饰作用下，很可能是一个愿望达成了，而另一个愿望被隐藏了。

有一位夫人对弗洛伊德抱怨道：“你说梦的意义在于愿望的满足，可是我做了一个梦，梦里根本就没有实现我的愿望。”

弗洛伊德笑着说：“能说说你的梦是怎样的吗？”

夫人说：“我梦见要宴请朋友，可是打开冰箱发现只剩下熏鱼了，于是出去买菜，发现商店不开门，打电话订菜，发现电话坏了……”

弗洛伊德于是对她的梦做了解析：他从夫人的叙述中得知，她曾去看望一位女友，这位女友的丰腴和美貌曾让这位夫人的丈夫倍加欣赏，于是夫人醋意大发。在探望中，她发现女友已经变得瘦削难看，但是女友却对她说：“希望赶快长胖，然后到你家做客。”原来，这位夫人的愿望是不想请客吃饭！如果请女友吃饭，他的丈夫就会重新欣赏起女友昔日的丰腴美貌。也就是说，这是夫人嫉妒的念头通过“请客不成”梦的润饰反映了出来。

弗洛伊德对梦进行了一番分析之后，结果让这位夫人非常惊讶和惭愧。

好梦和噩梦的不同心理影响

一提到梦的字眼，人们常常会与旦夕祸福联系在一起。当做了美梦时，人们会神清气爽，喜形于色，而偶尔出现的噩梦，会令人紧张不安，担心有不好的事情发生。所以，美梦往往给人产生积极的心理影响，“美梦成真”也是对人最好的祝愿。在人们睡觉前，也会用“晚安好梦”的祝福语来表达彼此的问候。好梦，每个人都企盼；而不祥之梦，则人人避讳。这样就给梦增添了几分神秘色彩。

有一位先生要发奖金了，很高兴。可他晚上做了一个梦，梦见自己领了奖金回家之后，却怎么也找不到了，忙回去到路上寻找的时候，路人都冲他笑。他醒后感觉很不祥，于是第二天领了奖金之后，放在皮包里，并且使劲抱在怀里，还在回家路上不时打开来检查一番。没想到这番动作被小偷盯在眼里，小偷尾随他到一辆公共汽车上，割破他的包，偷走了他的钱，而一车的人看在眼里，却没人吱声。

另外一个故事说的是清初大儒朱竹坨自幼喜欢吃鸭肉。年轻时，他曾梦见自己在郊外路过一个大水池，池中蓄养了好几千只鸭子。看鸭童对他说："这是先生您一生的食料。"朱竹坨 81 岁时，生病卧床又梦见自己路过年轻时梦过的那个大水池，可这一次水池里只剩下两只鸭。醒后他觉得此梦不祥，就嘱托家人不要再烹杀鸭子。可不巧女儿回来探望父亲，知道他喜欢吃鸭肉，从家里杀了两只鸭带来孝敬父亲。朱竹坨呆呆地望着这两只煮熟的鸭子，甚是抑郁，心想：我命休矣。结果当天晚上，他真的死了。

如果太在意自己的"不祥"之梦，并为此而采取了某种行动，那么这个梦就有可能成为自我兑现的预言。表面上，前面那位先生的梦真可谓有预见性，但如果他不因忌讳梦而频繁查看包里的钱，就不会有小偷盯上他，钱也就丢不了。可以说，以上这两位先生都是自己兑现了梦境。

人们在生活中总会遇到一些不顺心的事，使人产生焦虑不安、抑郁苦闷等不良情绪。晚上睡觉时，就容易做不好的梦，如梦见被人追杀、考试不及格、曾经的伤心事、在街上裸奔等诸如此类的噩梦。应该怎么做呢？可以进行自我调节，例如少想不顺心的事、向亲朋好友倾诉苦闷、改善人际关系、全身心地投入工作或学习中去等。如果自我调节难以奏效，就有必要进行心理咨询或心理治疗。有些人家庭幸福、工作顺利，最近也没有什么不顺心的事，却仍会做些噩梦。这可能是由于睡姿不当或生理病变所致，要注意改变睡觉姿势，或者去医院检查身体。

与其过分地看重不好的梦，徒增心理压力，不妨改变一下思路，借用美梦来让自己安心，这是一种心理疗愈的重要方法。研究证明，美梦能给人神奇的心理体验，巧妙利用美梦可以治疗某些身心疾病，有益健康。创造美梦以行梦疗，已经成为一项越来越热门的医疗技术。

具体做法是：睡前播放喜爱的音乐，在入睡后继续播放，但音量调低。同时，用一根松紧带经过眉际和上眼睑围缠头部，并轻轻压迫眼球。松紧带可解除胸闷头痛，轻压眼球可促生五彩缤纷的梦境，而音乐具有怡神安心的功效，坚持做一段时间可使不良情绪和意识得到缓解，提高睡眠质量。有关美食梦对食欲低下、厌食症等病症有一定的疗效。

心理作用下的梦幻

梦是一种心理现象。一个小男孩在过生日时收到了一篮樱桃，他吃完了樱桃之后依然闷闷不乐，原因是樱桃太少了。于是，在第二天早上，小男孩对他的妈妈说："昨晚我梦见自己的身边全是樱桃，我吃啊吃啊也吃不完。"同样的例子是一个小女孩，有一次她跟着爸爸去公园划船，因为划船时间有限，小女孩玩得并不尽兴。回到家后，小女孩在睡眠中做了一个梦，她梦见自己正在湖中划船，划了整整一夜。

将日常生活中的经历或白天发生的事情通过梦的形式反映出来，达到近一步实现自己愿望的目的和渴望的目标。这正是梦的作用之一。有时，我们会在醒来时发现，有的梦的内容正是我们自身内心所需要的满足。

我们内心的意图或大脑中的思想会通过梦清晰地再现出来。

一位女士梦见自己在某商店门口遇到从前的家庭医师，而巧合的是，第二天早上她出去逛街，真的就在那个商店门口遇见了他。她将自己的"预知之梦"告诉了弗洛伊德。弗洛伊德详细查问，发现这位女病人早上起床之后，并没有想起自己昨晚的梦，只是在遇到老医师之时，才认为自己昨夜曾梦到过这次相遇。原来这位女病人多年前在医师家里认识了某位男士，两人一见钟情，一直来往了很多年。而就在做梦的前一天晚上，她等他到深夜，可他却没有来。弗洛伊德说："我很快就了解，这个梦的意思是说：'啊，医师，你让我想起了旧日时光，那时他多看重和我的约会，我从不会白等。'"

故事中的女士对旧日美好时光的熟悉感，在遇到老医师时一下子浮现，想"重温旧梦"的念头"转移"成她在梦中与老医师相遇的想法。

再来看一个故事：

一位 40 岁的女士，高级知识分子，事业心很强，对己对人要求都很严格。与丈夫感情不错，但认为丈夫不善表达情感、性生活冷淡，心里有些不满。她近日常梦见一位大学男同学到她家，说是为躲避追杀。当时父母、丈夫和妹妹都在家，对同学的到来不太欢迎。她和这位同学谈话时说想要个孩子，同学说可以和她妹妹生个孩子。然后同学不小心把裤子搞脏了，她想给他找条短裤，结果丈夫找了条很难看的裤子，她很生气。可是她翻箱倒柜也没找到合适的，又急又气的时候，家里闯进了一伙陌生人要杀她的同学。经常做梦的同时，她时常偏头痛，感觉自己经常焦虑，非常疲惫痛苦，于是决定找心理医生咨询。

医生询问得知，梦中的那个同学大学时就喜欢她，而她也比较喜欢那个同学。毕业很多年了，这位同学常出现在她梦中，甚至还梦到与他发生过性行为。近日，那位同学打电话说来看她，而丈夫也不在身旁，她有较大的自由，可又怕同学来了会导致不良后果。心理医生分析指出，她的梦是反映性愿望的。梦中的希望生孩子、短裤被搞脏、到处找短裤等，都是她渴望和那位同学发生性关系的象征，妹妹不过是替罪羊。父母不高兴，丈夫给对方难看的裤子等，是她内心道德感的体现。

这个梦反映了她内心深处对另一段情的渴望，也反映了她内心本能欲望与道德感的严重冲突。女士按照医生的嘱托，经过一段时间的心理调整后，不良症状得以改善。

在正常的睡眠状态下，我们都会做梦。例如，在睡眠中感到口渴，可能会梦见自己正在大量喝水；如果感到身体发冷，很可能会梦见自己正被冷风吹等。所以，梦也可以看作是一种生理反映信号，它提醒我们要补充水分或者盖好被子。当然，如果我们没有被渴醒或被冻醒，梦中的畅饮或者围坐火炉会让我们感到满足，从而保证顺利的睡眠。

综上所述，我们可以归纳出梦的三大特征：

(1) 梦是对愿望的满足。

(2) 梦是表达愿望的方式，是一种幻觉体验。

(3) 梦是睡眠的保护者。

梦境里的“似曾相识”

许多人有过这样的经历，到一个全新地方却感觉异常熟悉，仿佛曾在这里生活过很久。这一现象在心理学上称为“曾经到过”。

著名的分析心理学创始人荣格对于“曾经到过”现象做出这样的解释，他认为，我们的大脑在记忆环境、建筑和地点等没有生命的物体方面与记忆一个人是不同的。因为环境具有三维空间的特征，在脑海中会留下强烈的画面感。

美国19世纪著名浪漫主义小说家纳撒尼尔·霍桑在参观英格兰的一座城堡遗迹时，忽然觉得这个地方异常熟悉，却说不清楚为什么。后来发现，他读过两百年前英国诗人亚历山大·蒲柏的作品，而其中作者就对此地做过细致的描写。

不但现实中的某个地点、某个场景让我们有一种熟悉感，似曾相识，有很多时候我们对某个人也会有一种莫名其妙的熟悉感，即使不相识，也觉得这个人好像在哪里见过一样。

在名著《红楼梦》中有这样一个场景：林黛玉与贾宝玉初见时，都觉得彼此似曾相识。黛玉心中暗自奇怪，而宝玉则断定地说了一句：“这个妹妹，我曾见过的。”这个反映“木石前盟”的场景虽说是文学作品中虚构的，却引发了我们强烈的共鸣。

除了现实中的人、事、环境或经历，让我们感到似曾相识外，还有一种特殊的环境也会让我们产生此类感觉，那就是在梦里。

我们都有过这样的感觉，每次梦醒后觉得梦中的场景在日常生活中经历过，平常生活中也有和梦境相叠的感觉，这到底怎么回事？

除了美好时光，还有些人存在“景物”的熟悉感，即在初到某个地方时，忽然觉得那里的一草一木都“似曾相识”，好像在梦里见过。心理学认为，这可能是另一种压抑心理的“转移”。

一位女士12岁时发生过一件怪事，许多年来都无法忘怀。当年她到同学家做客，一进同学家的庭院就觉得以前曾经来过，进入客厅后这种感觉更加强烈，但她确实未曾来过这里。弗洛伊德分析指出，这种“熟悉感”其实是来自另一种“熟悉感”。原来这位同学有个因病即将去世的弟弟，这位女士去同学家之前已经知道此事。而女士自己唯一的弟弟在几个月前曾患重传染病，导致她被送到远方亲戚家隔离，因而可能有过期望弟弟死亡的心理，但被压抑住了。在拜访同学家时，女士可能模糊地想起自己在几个月前也有类似熟悉的处境，并将这种熟悉感“转移”到同学家的庭院、客厅上。

也就是说，在某种幽微的心理作用下，我们会觉得做过某个梦，但其实并不一定真的做过。

许多有“似曾相识”体验的人认为自己的感觉来源于梦境。尽管大部分梦境都被我们遗忘，但是这些被遗忘的梦境很可能会跳过我们的短期记忆，而进入深层的长期记忆。这样，当现实中出现似曾相识的情景时，那些被遗忘的梦境就从深层记忆中被唤醒，从而使现实情境与梦境相重叠，让我们感到似曾相识。

年轻女孩加里斯在一家高级餐厅里因对男朋友不满而大声叫喊时，突然发觉这一发怒场景自己曾经梦见过。她对自己的这种奇妙感觉大为惊讶，不顾周围人的侧目而喊道：“我早知道会发生这件事的！”

有很多人因为这种梦境的似曾相识感而觉得自己拥有“先知”和“预言”等特异功能，当这种感觉异常频繁及强烈时，还会通过占卜的方法去破译梦境。

关于梦境的似曾相识感，不同领域的专业研究人员有着不同的解释。神经科专家认为，我们的大脑时刻在进行潜意识活动，虚构出各种情景，现实中遇到相似情景时很容易就会与虚构的记忆相呼应，因此梦境中的似曾相识可能只是一种幻象。还有的人认为，“似曾相识”是由记忆错误造成的，大脑中的记忆缓存区先暂存记忆，在存储时发生了错误，以为眼前事物就是历史记忆库中的，在大脑疲劳时往往会产生这样的错觉。

为什么有的梦境清晰，有的梦境模糊

每个人都做梦。但大多数人醒来后不久就忘记梦的内容了，最多只留下某些感觉。那些醒后还清晰记得梦的内容的，只能是睡眠质量不高，或者是多梦。做梦并能回忆梦境并不是睡眠不深的指标，也不能说做了梦就表示不曾睡好。梦是一种普遍的生理现象，不管你有没有梦的回忆，你每天晚上都必定做4~5回梦。

每个人每天晚上，会周而复始的做很多次梦，记住的往往只是最近的，也就是快要醒来的时候的梦。但是有地梦我们根本记不住，只是知道做过梦，甚至有的时候，我们会觉得自己一个晚上根本没有做梦。

这是因为，人的记忆是需要意识来达到的，意识到的东西，才有可能形成记忆。而做梦恰恰是潜意识的行为，那个时候，意识层面已经关闭，所以潜意识才会以梦的形式展现出来。人在清晨快要醒来的时候，有一部分意识已经有所唤醒，所以可以记住一些梦境，但是这一部分被唤醒的意识还没有达到最活跃状态，所以有些梦又很快忘记，甚至不记得做过梦。

除非每天将前晚所做的梦都标明日期记下来，否则难免出现记忆扭曲，将梦境与真实事件之间的发生顺序模糊颠倒。小说家狄更斯就曾经常在日记里记录他的梦。他曾在日记里写道，他梦见过一个披红披肩的陌生女子，自我介绍说是纳匹亚小姐。狄更斯醒来后感到不解，因为他根本不认识什么纳匹亚小姐，也不认识喜欢披红披肩的女人。几天后，在他的一场朗诵表演中，在崇拜他的读者人群中他发现了那个梦中的红披肩女郎，而她真的叫纳匹亚。但仔细分析狄更斯的日记，却发现他是在遇到纳匹亚小姐之后，才在日记里记录下几天前的那个梦。这恐怕又是记忆扭曲在作怪了吧。

有关研究显示，当一个人睡眠后的脑电波显示进入做梦后期时，叫醒他并要他报告正在做的梦；然后等被测者第二天醒来后，再要他描述昨晚所做的梦，录音记录证明两次描述在情节上已经有了相当的差异。可见，当我们描述梦境时，这种主观体验就已经开始受到扭曲。

所以，梦是一种潜意识心理活动，平时我们在社会活动中受到压抑的东西，会进入潜意识中去，肌体只有通过梦的形式来进行调节。所以，无论是多梦、少梦、无梦，或者梦境是清晰的还是模糊的，我们都不必在意。因为梦是脱离了意识的管理，千奇百怪、无奇不有、支离破碎的梦很常见，被我们清晰记得的梦境片段以及被我们完全忘掉的“连环梦”，都是正常现象。

性梦是人的正常性意识，并非心理变态

俗话说“男大当婚，女大当嫁”，成年人长期独身的话，很容易做性梦，当然具体内容不尽相同，随人的性别、性格、文化水平、成长背景等的不同而有所差异。有些人的性梦充满苦涩，有些充满色情和暴力，也有些则充满了爱情的浪漫和甜蜜。

人们在睡梦中，会与异性表现亲昵行为，可能会梦见与异性拥抱、抚爱、亲吻，甚至发生性关系等。性梦十分常见，一项研究调查结果表明，几乎每个人都做过性梦。

如何看待性梦？有的人对性梦难以启齿，或者觉得不可思议。其实，性梦是一种正常的性生理和性心理现象，是人的正常性意识的反映，而并非心理变态的倾向。

心理学家认为，性梦是在潜意识中被压抑的性欲望冲动的自发暴露，是性心理、性生理发育正常的标志，并非病态心理。做性梦并不代表自身的心理或道德邪恶，不必为此而焦急忧虑，更不必产生背叛丈夫或妻子的不贞的内疚心理。

人为什么会做性梦？这与人体内的性激素水平及性心理状况有密切关系。女性性梦发生的活跃期多在20~40岁之间。随着性生理与性心理逐渐成熟，

女性也会出现性冲动，但在清醒状态下会被理智所抑制，在梦中大脑皮层的兴奋灶不受任何约束而活跃起来，便出现形形色色的性梦。从生理上看，女性在排卵期和月经前期，或者与配偶分离一段时间后，性欲比较旺盛，也有可能每隔十天半月做一次性梦。

心理学研究认为，性梦对象可能是与其一往情深但未成眷属的人，也可能是同班同学、邻居、亲友，还可能是只见过一面而没有任何交往的人，甚至是从不相识的陌生人或自己很讨厌的人。性梦的内容也是丰富多彩的，梦中异性的形象飘忽不定，有时模糊，有时清晰。有的梦见与异性接吻、拥抱、被异性爱抚、爱抚异性，有的梦见与异性性交，有的则仅梦见裸体异性，还有的梦见与同性有性接触等。

以下是一些典型的性梦案例：

案例 1：27 岁女研究生，未婚。她最近认识了一个自己觉得还可以的男孩并且和他确定了恋爱关系，可本应该高兴的她却非常苦恼和内疚，因为在和男友约会后，她晚上经常梦到和自己的哥哥发生关系。到底为什么会做这种梦呢?

心理专家解释：现在很多的年轻女孩子在家里深受父亲和哥哥的宠爱，当她们长大成人后，开始与外面的异性有了亲密接触，但潜意识里会将其与自己的父亲或哥哥进行比较，看他是不是和他们一样宠爱自己。结果，在梦里将亲密接触的对象转移为哥哥或父亲。

案例 2：29 岁的未婚女士，自由职业者。她最近找了个男朋友，挺喜欢他。男朋友也很喜欢她，并且很欣赏她对生活的淡然。他们准备过一段时间就结婚，可到了这样的关头，她却老是梦到和前男友发生性关系，令她十分苦恼和内疚。

心理专家解释：很多人都会梦到自己和原来的男朋友或女朋友发生性关系，多半是因为他们在分手时心里还有所牵挂，可又没有勇气说出来，一直憋在心里，直到自己有足够的心理准备去面对为止。当梦到跟前任男女朋友上床的时候，说明自己已经做好准备去完全了结以前的纠葛，尽管不一定非得见到那个人。

案例 3：30 岁的已婚女士，企业秘书，最近她很苦恼。为什么呢？原来她的同事们都喜欢养宠物，而且她们每天都会在公司谈论宠物的琐事。这位女士不喜欢小动物，可最近她总梦到自己和不同的小宠物发生关系，或者梦见自己观看别人和动物发生关系，感觉既不可思议又很无耻。

心理专家解释：做这样的性梦并不能说明人的心理有变态倾向，只不过是人类天生的潜意识里的兽性的间接反映。

案例 4：33 岁的女士，已经结婚 4 年，夫妻两人非常恩爱。他们还不打算要孩子，因为想多过几年无忧无虑的二人世界。可最近一件事让女士内心充满了愧疚：他们家隔壁搬来了一位年轻英俊的男邻居，她常常梦到和这位邻居发生关系。

心理专家解释：性梦中的性对象通常是不可选择的，这并不能说明对丈夫不忠诚，不必因此感到愧疚。

案例 5：35 岁的已婚女士，在会计师事务所工作。平时她工作兢兢业业，很少有放松的时候。最近，她经常梦到跟不同的女人上床，而且感到很享受，醒来后特别不解，觉得自己并没有同性恋倾向，为什么会做这种梦呢？

心理专家解释：很多人都做过和同性发生关系的性梦，但这并不代表做梦的人有同性恋倾向，很多时候只是表明希望自己的性别被他人接受，希望得到别人的认同而已。

据心理学研究，男女性梦是有别的。男性性梦与其他梦境一样，内容支离破碎，梦醒后难以清晰地回忆，性梦多不会对其情绪和行为产生实际影响；女性的性梦与男性不同，内容比较完整，醒后多能清晰回忆梦的内容，甚至可能模糊了梦境与现实的界限，影响其真实的情绪和行为。

有报道记载，在 17 世纪的英国，伦敦某修道院的修女们爱慕当地一位年轻英俊的神父，经常做性梦。开始是修道院院长，后来扩展到全院的修女。她们竟将梦境当真，认为神父每晚都施用巫术使她们处于昏迷状态，然后非礼她们。于是她们一起控告这位神父，致使无辜的神父被活活烧死。

性梦过于频繁，是身心异常的象征，对身体健康是不利的。如过度劳累、手淫过频或过强烈，内裤穿得过紧、泌尿系统炎症等；过大的心理压力和负担也有可能导致性梦频繁，应该去找心理医生咨询。